D1674345

Suchen
und
Sammeln

Karl Karsch / Ewald Muntwiler

Der Schweizer Jura und seine Fossilien

Geographie, Geologie und Paläontologie der Nordostschweiz
Ein Wegweiser für den Liebhaber

Kosmos
Gesellschaft der Naturfreunde
Franckh'sche Verlagshandlung
Stuttgart
Ott Verlag Thun

Mit 12 farbigen und 128 einfarbigen Fotos von
Willy Zweifel (121), Meyer und Imhof (1)
und Ewald Muntwiler (18), einer geologischen Karte
von der Schweizerischen Geologischen Kommission,
Basel, und 24 Zeichnungen von Ewald Muntwiler

Umschlag von Edgar Dambacher unter Verwendung
zweier Aufnahmen von Ewald Muntwiler und Willy
Zweifel (Fossil)

CIP-Kurztitelaufnahme der Deutschen Bibliothek

Karsch, Karl:
Der Schweizer Jura und seine Fossilien : Geographie, Geologie u. Paläontologie d. Nordostschweiz ; e. Wegweiser für d. Liebhaber / Karl Karsch ; Ewald Muntwiler. – Stuttgart : Franckh ; Thun : Ott, 1981.
(Suchen und Sammeln)
ISBN 3-440-05003-3 (Franckh)
ISBN 3-7225-6280-5 (Ott)
NE: Muntwiler, Ewald:

Franckh'sche Verlagshandlung, W. Keller & Co.,
Stuttgart / Ott Verlag, Thun / 1981

Printed in Germany / Imprimé en Allemagne
L WW H Ste
Für die Franckh'sche Verlagshandlung, Stuttgart:
ISBN 3-440-05003-3
Für den Ott Verlag, Thun: ISBN 3-7225-6280-5
Gesamtherstellung: Brönner & Daentler KG,
Eichstätt

Der Schweizer Jura und seine Fossilien

Vorwort

Das vorliegende Buch wurde von Sammlern für Sammler geschrieben. Es soll kein Bestimmungsbuch sein, sondern ist als Übersicht über die geographischen, geologischen und paläontologischen Verhältnisse im Schweizer Jura gedacht. Es will den Sammler über die Möglichkeiten unterrichten, die er dort hat, wenn er seinem Hobby nachgehen will. Der Sammler erwarte allerdings nicht einen detaillierten Führer zu Fundstellen – mit zu genauen Fundortangaben ist schon allzuviel Schaden angerichtet worden. Dieses Buch versetzt den ernsthaften Fossilienfreund in die Lage, im Gebiet seiner Wahl fündig zu werden.
Wir hoffen, mit dieser Schrift eine bestehende Lücke auszufüllen, denn unseres Wissens existiert ein derartiges Buch bisher nicht.
Um beim Leser keine falschen Vorstellungen zu wecken, haben wir uns bewußt darauf beschränkt, im Bildteil nur Fossilien zu zeigen, die aus eigener Sammlung stammen. Damit erhält der Leser Informationen über Versteinerungen, die er auch tatsächlich selbst finden kann. Eine Ausnahme bilden wenige Fundstücke aus der Kreidezeit, die uns der Konservator der Naturwissenschaftlichen Sammlungen der Stadt Winterthur, Kurt Madliger, freundlicherweise zur Verfügung stellte. Auch der einzigartige Seestern *Pentasteria* ist uns durch seine Entdecker und Präparatoren, die Herren Meyer und Imhof, Trimbach, überlassen worden. Wir möchten ihnen dafür danken.
Herr Willy Zweifel, Lehrer an der Bezirksschule Brugg, also ebenfalls ein Amateur, zeichnet für die Fossilaufnahmen verantwortlich. Wir möchten nicht versäumen, ihm für die große Arbeit herzlich zu danken.
Ein besonderer Dank gilt Dr. Rudolf Schlatter, Schaffhausen, für die Durchsicht des Manuskripts.

Karl Karsch
Ewald Muntwiler

Einleitung

Wie manches mitleidige Lächeln erntet doch derjenige, der „Steine" sammelt. Hans erinnert sich noch gut daran, wie er seinen ersten Brocken heimschaffte. Als Primarschüler entdeckte er auf einer Wanderung mit seinen Eltern in den Alpen am Wegrand einen etwa kopfgroßen Stein. Tausende und Abertausende von Bergwanderern waren sicher schon an diesem Felsstück vorbeigegangen, ohne es bemerkenswert zu finden. Dem aufmerksamen Jungen aber fiel auf, daß der Stein über und über mit Quarzkristallen bedeckt war. Allerdings sah man nur funkelnde Spitzen aus dem Dreck herausschauen.

Trotz der etwas spöttischen Bemerkungen seiner Eltern, daß er wohl kaum die Kraft besäße, das Ding auf dem langen und beschwerlichen Heimweg zu schleppen, packte Hans den Fund in seinen Rucksack. Unterwegs war er oft nahe daran, den Stein wieder rauszuschmeißen, denn er drückte ihm schwer auf den Rücken. Sein Ehrgeiz und vor allem seine Neugierde waren jedoch stärker. Der Stein mit den glasklaren Nadeln wurde mit letzter Kraft nach Hause geschleppt und dort sofort gewaschen. Was für einen routinierten Sammler nicht der Rede wert gewesen wäre, machte Hans überglücklich.

In späteren Jahren, als wir oft zu zweit oder zu mehreren mit dem Fahrrad in den nahen Jura fuhren, um unsere Fossilienfundstellen zu erforschen, erlebten wir das Glücksgefühl in der Gemeinschaft, beim Aufsammeln von Ammoniten, Brachiopoden und andern Versteinerungen, den Zeugnissen einer für uns unendlich fernen Zeit. Auch damals ernteten wir oft nur ein mitleidiges Lächeln ob unseres Eifers beim Einbringen der gefundenen Schätze im Rucksack auf dem Gepäckträger des Fahrrads oder dann, wenn wir sie zu Hause sorgfältig reinigten, um sie schließlich irgendwo in einem Winkel des Zimmers aufzustapeln.

Für die meisten Menschen sind solche „Steine" totes, wertloses Material. Für uns Sammler dagegen bedeuten sie eine lebendige Welt. Sie erzählen uns Geschichten aus der Vergangenheit unserer Erde, zeigen uns Zusammenhänge. Sie stellen eine Verbindung her zwischen der Welt von damals, als weite Teile unserer Region von Meer bedeckt waren, und der heutigen, in der die Spuren dieser einstigen Welt durch den Menschen oder die natürliche Kraft der Erosion freigelegt werden. Das Gebiet des Jura ist reich an solchen Zeugen der vergangenen Erdzeitalter, insbesondere des Erdmittelalters, und bietet dem Anfänger wie dem erfahrenen Sammler und Forscher ein breites Feld der Betätigung.

Befassen wir uns nun mit den geographischen, geologischen und paläontologischen Aspekten des Schweizer Jura.

1 Lage und Ausdehnung

Nicht nur in Schweizer Zeitungen hat der Begriff Jura in den letzten Jahren immer wieder Schlagzeilen gemacht. Was bislang eine geographische und geologische Bezeichnung war, ist nun auch als jüngster Kanton des Bundesstaates Schweiz zu einem politischen Begriff geworden.
Das Wort Jura ist gallischer Herkunft. Die darin steckende Wurzel „Jor", was soviel bedeutet wie „Bergwald", findet sich auch noch in Ortsnamen in der Bretagne sowie in Berg- und Bachnamen der französisch- und deutschsprachigen Schweiz. Aus dem französischen „Jorat" entwickelte sich das deutsche Jurten, das später zu Gurten wurde. So trug im alten deutschen Volksmund der Jura den Namen Jurten. Im Lateinischen war für den Schweizer Jura zunächst – so bei Plinius dem Älteren – die Bezeichnung „Jures" (Plural) gebräuchlich; bei Caesar stößt man schon auf Jura.
Der Begriff Jura bezeichnet vorerst eindeutig einen Gebirgszug, also eine morphologische Erscheinung der Erdoberfläche. Alexander von Humboldt war es dann, der 1795 für das typische Gestein dieses Gebirges sowie das ihm ähnliche in Süddeutschland die Bezeichnung Jurakalk wählte. Und auf diesem Wege wurde Jura schließlich die Bezeichnung für die mesozoische Formation, das heißt den Abschnitt der Erdgeschichte zwischen Trias und Kreide.
Das politische Gebilde Jura existiert erst seit dem 1. Januar 1979: Nach jahrzehntelangem Geplänkel und Ränkespiel der Parteien, oft auch tätlichen Auseinandersetzungen junger Fanatiker, separierte sich der nordwestliche Teil des Kantons Bern und wurde, durch die eidgenössische Volksabstimmung vom 24. September 1978 abgesegnet, zum 26. Teilstaat (Kanton) der Schweiz.
So bedeutet Jura in der Schweiz also dreierlei: Gebirgszug, Gestein aus besagter Formation und jüngster Kanton.

1.1 Lage

Der Schweizer Jura gehört zu den drei Großlandschaften, in die man den Kleinstaat im Herzen Europas einteilen kann. Neben dem dominierenden Alpenraum, der zusammen mit dem Voralpengebiet ca. 60% der Gesamtfläche einnimmt, und dem Mittelland mit einem Anteil von ungefähr 30%, beansprucht der Jura nur gerade 10% der Staatsfläche. Wie die Alpen und das Mittelland hört natürlich das Juragebirge an der Staatsgrenze nicht einfach plötzlich auf. Betrachtet man den Verlauf des ganzen Gebirgszuges, so stellt man fest, daß der Jura weit im Süden beginnt und in einem großen Bogen in nordöstlicher Richtung verläuft. Es sieht gerade so aus, als hätte ein hünenhafter Bogenschütze seinen Bogen zwischen dem französischen Zentralmassiv und dem Vogesen-Schwarzwald-Komplex aufgespannt, um seinen Pfeil nach Nordwesten abzuschießen.

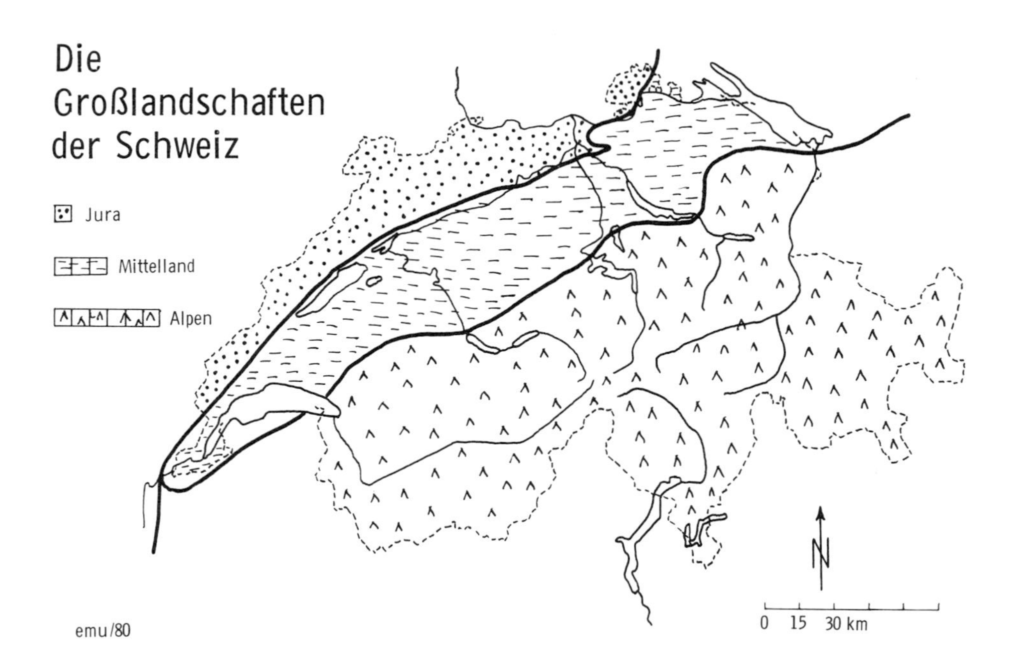

Der südliche Abschnitt des Bogens wird als Französischer Jura bezeichnet. Seine Gesteine verschwinden weiter südlich unter dem Tertiär des Lyoner Beckens und tauchen erst wieder in den Cevennen und in den Causses auf.

Im Nordosten setzt sich der Schweizer Jura nach dem Abtauchen der Lägern über den Randen hinweg im Schwäbischen und Fränkischen Jura fort, genauso wie die Schwäbisch-Bayerische Hochebene die Fortsetzung des Schweizer Mittellandes ist.

Im Nordwesten geht die äußerste Kette des Jurabogens in die Schichtstufenlandschaft des Pariser Beckens über. Im Südwesten dagegen ist die Begrenzung recht abrupt. Die Juraketten fallen zum Mittelland meist steil ab.

Bemerkenswerterweise verläuft die Sprachgrenze zwischen dem deutsch- und dem französischsprachigen Teil der Schweiz quer durch das Juragebirge. So kann es ohne weiteres vorkommen, daß man in der einen Ortschaft das Mittagessen auf Deutsch bestellt, und im nächsten Ort, wo man Kaffee trinken möchte, unterhält man sich mit dem Servierpersonal bereits auf Französisch. Der aufmerksame Besucher wird feststellen, daß sich die beiden Sprachgruppen auch in der Mentalität unterscheiden. Der französischsprechende Jurassier ist im Gegensatz zum Bewohner deutscher Zunge impulsiver, spontaner, direkter. Das kann sich auch negativ auswirken, indem der Fossiliensammler, der unbefugt ein Grundstück betreten hat, recht unfreundlich und unmißverständlich weggewiesen wird. Selbstverständlich ist es weder ein hochentwickeltes Französisch noch ein Hochdeutsch, das gesprochen wird. Vielmehr sind es ausgesprochen typische, zum Teil recht verschieden klingende, eigenständige Dialekte, aus denen sich die Sprache der Jurabewohner zusammensetzt.

Die Sprachgrenze verläuft ungefähr auf der Linie Nordostende Neuenburgersee – La Neuveville – Biel (oder eben Bienne) – Hasenmatt – Scheltenpaß – Birstal östl. Soyhières – Lützeltal östl. Charmoilles.

1.2 Ausdehnung

Obwohl das Juragebirge einen ganz eigenen unverwechselbaren Charakter aufweist, kann es als abgeirrter Zweig der Alpen betrachtet werden. Dieser löst sich vom Hauptast in der Gegend von Chambéry südlich des Lac de Bourget in Frankreich. Sein Ende wird von der Lägern bei Dielsdorf (Kt. Zürich) markiert. In Luftlinie sind es von Chambéry bis Dielsdorf ca. 300 km; die mit rund 70 km größte Breite des ganzen Gebirgszuges wird zwischen Grandson und Besançon gemessen.

Auf den ersten Blick sichtbare Hauptelemente des Jura sind seine Faltenbündel. Ihre Zahl nimmt gegen die Mitte hin zu. Als das Gebirge entstand, fehlten hier nämlich Prellböcke in Form alter Gebirgsmassive. Der emporgepreßte Gesteinskörper konnte sich unbehindert in mehrere parallele Faltenbündel entwickeln.

Diese für den Laien oft etwas verwirrende Ansammlung von Ketten kann stark vereinfacht in drei große Faltenzüge gegliedert werden: Der Ledonische Faltenbogen beginnt am Rhoneknie, etwas südlich von Ambérieu in

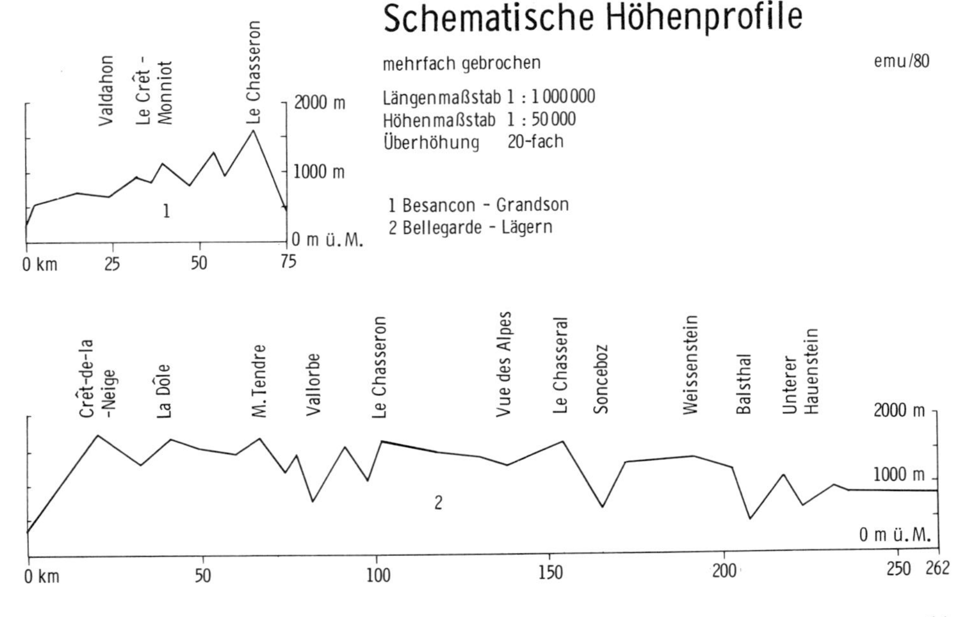

Frankreich, und zieht sich hin bis in die Gegend von Salins. Von hier aus schwingt der Bisontinische Außenbogen über Besançon bis westlich von Pruntrut. Seine Ketten sind niedriger und weniger stark gefaltet als die des Ledonischen Bogens. Ein wesentlicher Unterschied zeigt sich auch darin, daß die Faltenbündel des Bisontinischen Bogens zum Teil über das Vorland im Norden und Nordwesten überschoben sind.

Vom Rhonedurchbruch bei Bellegarde erstreckt sich am Rande des Mittellandes bis zur Lägern der Helvetische Innenbogen. Seine Ketten sind die höchsten des Schweizer Jura und seine Täler die längsten und breitesten.

Die Höhen, die der Schweizer Jura erreicht, entsprechen durchaus denen eines Mittelgebirges. Typisches Merkmal ist, daß die größten Erhebungen im Südwesten liegen. Mit 1718 m ist die Crêt-de-la-Neige der höchste Punkt des Juragebirges. Er befindet sich westlich von Genf, aber bereits in Frankreich. An der französisch-schweizerischen Grenze, oberhalb Nyon, finden wir die höchste Kuppe des Schweizer Jura; es ist La Dôle mit 1677 m. Dann nehmen die Höhen bis zum Endpunkt des Innenbogens, der Lägern, langsam ab. Ihr höchster Punkt erreicht gerade 859 m. Trotzdem genießt man vom Burghorn, wie die höchste Gratstelle der Lägern heißt, eine prächtige Rundsicht. Vor allem im Herbst, wenn die Blätter des Laubwaldes am Steilhang sich langsam zu färben beginnen, ist der Lägerngrat ein beliebtes Wanderziel. Im einfachen Restaurant auf der Hochwacht genießt der Wanderer jungen Wein zu geräuchertem Speck und Bauernbrot.

Der Plateaujura ist eine leicht gewellte Hochebene. Die Höhen im südöstlichen Teil der Freiberge bewegen sich um die 1000 m ü. M. Nach Nordwesten fällt das Plateau leicht ab und geht dann in den Außenbogen über.

Die Tafeljurahöhen im Norden liegen durchweg tiefer als die Grate des Helvetischen Innenbogens. So verzeichnet der Geißberg bei Villigen (Kt. Aargau) ungefähr 700 m ü. M. Gegen Westen, Richtung Ajoie – auf Deutsch auch Pruntruter Zipfel –, ist ein leichter allgemeiner Geländeabfall zu bemerken.

2 Die Juralandschaft

Dem aufmerksamen Reisenden, Wanderer oder Fossiliensammler wird bestimmt nicht entgehen, daß das Juragebirge vollständig verschiedenartige Gesichter aufweist, wird er doch von stets wechselnden Aspekten überrascht.

Von Norden her dringt man durch relativ breite, manchmal fast trogförmige Täler in den Jura ein. Ihre Flanken fallen oft steil ab, während die Hochflächen zwischen den Tälern relativ eben sind: Wir befinden uns im Gebiet des Tafeljura.

Weiter südwestlich, im Grenzgebiet zum Kettenjura, wird die Landschaft verwirrender und oft unübersichtlich. Kleine Täler, enge Talkessel und schroffe Felskuppen wechseln in bunter Folge: Die Brandungszone (Schuppenjura) zwischen den aus Südwesten auf die Tafeln aufgeschobenen Ketten und dem Tafeljura manifestiert sich in der Landschaft sehr abwechslungsreich.

Dem Fossiliensammler, der sich vom Mittelland her dem Juragebirge nähert, bietet sich ein ganz anderes Bild. An einigen Stellen steigt der erste Höhenrücken des Falten- oder Kettenjura als steile, fast unüberwindbar scheinende Wand aus dem Aaretal auf. Dieses System von Gebirgsketten zieht sich, immer breiter werdend, von der Lägern im Nordosten bis zum Neuenburger See, ab dem die Zahl der Kettenzüge wieder abnimmt.

Hat man beschlossen, in der Gegend von Biel ins Innere des Jura zu fahren, wird man nordwestlich von Tramelan ein Juragebirge mit wieder einem anderen Gesicht antreffen: Die sanfte von Fichtengruppen und Viehweiden dominierte Landschaft des Plateaujura lädt zum Verweilen ein. Der Plateaujura ist der flächenmäßig kleinste Juratyp auf schweizerischem Hoheitsgebiet.

2.1 Der Kettenjura

Charakteristisch für den Ketten- oder Faltenjura sind zum einen die Faltenbündel, die am nordwestlichen Rand des Mittellandes aufsteigen, und zum anderen die ausgeprägten Längstäler zwischen den Ketten.

Es gibt grundsätzlich zwei Möglichkeiten, mit dem Auto vom Mittelland aus in den Kettenjura einzudringen: entweder über eine Paßstraße, die direkt auf den Höhenrücken hinauf oder wenigstens in eine Senke zwischen zwei solchen Rücken führt, oder durch ein Quertal, eine Klus. Der Reisende, der auf der Autobahn von Zürich nach Bern fährt, sieht rechter Hand immer wieder die markanten Höhen der ersten Jurakette. Bei Aarau sind es die eindrücklichen Felsnasen von Gisliflue und Wasserflue. Ein Spruch aus der Gegend sagt: „D'Gisliflue ond d'Wasserflue schtrecke n'enander d'Nase zue.“ Südwestlich von Olten fallen die weißen Kalkbänke des Solothurner Jura, insbesondere des Weißensteins, auf. Hier verlassen wir die Autobahn und fahren Richtung Oensingen, Balsthal. Oberhalb der

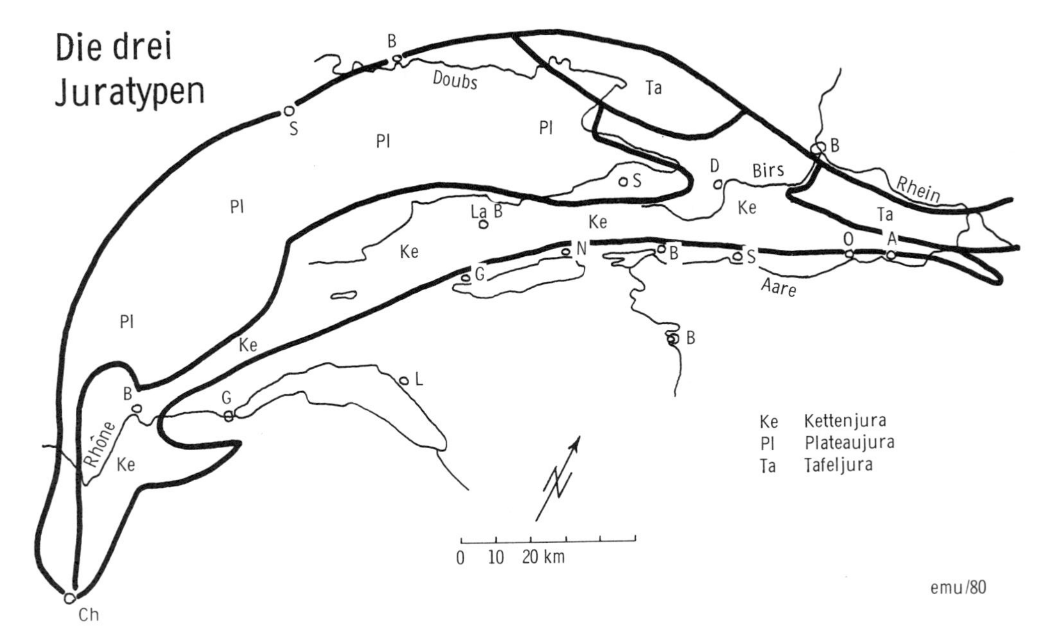

Ortschaft Oensingen steht das Schloß Neu-Bechburg. Die noch gut erhaltene Burg thront auf einem kaum zugänglichen Felssporn. Am Burgfelsen vorbei gelangen wir in die Klus von Balsthal. Hier kann man sehr schön die Gesteinsschichten der ersten Jurafalten studieren. Vor Balsthal steht auf einem Felsvorsprung die nächste Burg, Alt-Falkenstein. Fahren wir nun von Balsthal aus den Paßwang hinauf, sehen wir über St. Wolfgang nochmals eine Burg, die Ruine Neu-Falkenstein. Sie bewachte ebenfalls eine kleine Klus. Klusen sind Engpässe, in denen der Verkehr kanalisiert wird. Gerne wurde früher an solchen Engen Zoll verlangt. Oft mußten sie in kriegerischen Zeiten auch abgeriegelt werden. Es lag also für die Herren der Feudalzeit sehr nahe, ihre Burgen an solche neuralgischen Punkte zu setzen. Wo sich der Verkehr konzentriert und wo politische Macht ihren Sitz hat, siedeln sich bald mehr Menschen an. So entstanden an Klusen vielfach Orte, die zum Teil erhebliche Bedeutung erlangten. Im Kettenjura finden wir viele Beispiele: Balsthal, Moutier, Choindez, Court, Valangin etc. Wie kam es überhaupt zur Bildung dieser kurzen, engen Quertäler, die die Höhenzüge immer wieder unterbrechen?

Erklärungen gibt es viele. Sicher ist, daß nicht alle Klusen auf genau gleiche Weise entstanden sind und oft mehrere Ursachen zusammenwirkten. Sehr wahrscheinlich sind die größeren Quertäler, wie das oben erwähnte von Balsthal, von Flüssen geschaffen. Bereits vor der Auffaltung des Jura bestanden grobe Talanlagen. Ihre Flüsse kamen, soweit es den nördlichen Teil des Jura angeht, aus den Vogesen. Das bestätigt das viele Geröllmaterial

aus jungtertiärer Nagelfluh der Vogesen im Delsberger Becken. Im südlichen Teil des Jura waren es hauptsächlich alpine Flüsse, die sich in die langsam aufsteigenden, harten Malmschichten einfraßen.
Im Laufe der Entstehung solcher Klusen kam es nicht selten zu einer Stromumkehr: Die Flüsse entwässerten – im südlichen Teil des Jura – nicht mehr Richtung Norden, sondern ergossen ihre Wasser aus dem nun emporgehobenen Gebirge ins Mittelland, wo sie auch heute noch von der Aare, die gleichsam als Dachrinne funktioniert, gesammelt werden. Diese vor der Faltung schon bestehenden Flüsse, antezedente Flußläufe, konnten sich nur behaupten, wenn die Erosion mit der Aufwölbung des Gebirges Schritt hielt. – Für den Geologen sind Klusen wertvolle, von der Natur geschaffene Aufschlüsse, die Einblick in den Gebirgsaufbau geben.
Viele Klusen sind so eng, daß Straße und Schiene gerade knapp nebeneinander Platz finden. An manchen Stellen hat sich etwas Industrie ansiedeln können, wie zum Beispiel eine Papierfabrik bei Balsthal oder Eisenwerke in Choindez. In letzterem Falle gaben die Stromschnellen den Ausschlag für die Industrieansiedlung, denn man konnte hier die schweren Schmiedehämmer mit Wasserkraft bewegen.
Typisch für Solothurner, Berner und Neuenburger Jura sind vor allem die Längstäler. Zwischen zwei parallellaufenden Höhenrükken, den Antiklinalen, liegt in der Synklinale das Tal. Das der Dünnern, das zwischen der Weissenstein-Lebern-Kette und der Sonnenberg-Kette liegt, heißt denn auch schlicht und einfach „das Thal“. Kleine stille Dörfer, wenig Industrie, bescheidener Ackerbau und an den Schattenhängen ausgedehnte Waldungen geben ihm das ruhige Gepräge.
Die meisten dieser Längstäler, wie das Val de Travers im Neuenburger Land oder das Vallon de St. Imier im Berner Jura, sind von Natur aus wenig fruchtbar und lassen praktisch nur Weidewirtschaft zu. So konnte sich schon früh Industrie ansiedeln. Auf die mittelalterliche Eisenindustrie folgte die Uhren- und Maschinenindustrie. Vor allem die Uhrenindustrie – heute allerdings durch ausländische Konkurrenz stark bedrängt und teilweise am Lebensnerv getroffen – brachte den Bewohnern der Täler zusätzlichen Verdienst und sogar Wohlstand. Speziell die Hugenotten aus Frankreich waren es, die im 17. und 18. Jahrhundert ihre Erfindungsgabe in dieses Gewerbe einbrachten und es damit in der Schweiz zur Blüte führten. Manches Goldschmiede- und Uhrenatelier ist in jener Zeit entstanden.
Vom Talgrund hinauf bis zu den Antiklinalrücken oder manchmal kleinen Antiklinaltälern wechselt die Beschaffenheit des Bodens und damit seine Nutzungsmöglichkeit für die Landwirtschaft stark. Im meist flachen, wenn auch manchmal recht engen Talgrund findet sich mehr oder weniger rezentes Schwemmland über dem Urboden der Synklinale. An den oft ziemlich steilen Hängen herrschen infolge des kalkigen Untergrundes Trockenwiesen und Magerrasen vor. An Schatten- oder Steilhängen und an den Horsten, manchmal auch auf der Kuppe, findet sich Wald; er ist in tieferen Regionen ein Laubmischwald, ab ca. 900 m Nadelwald. In den Antiklinaltälern und auf den meisten Höhenrücken tritt an Stelle des Waldes Weide.
Damit nun die einzelnen Gemeinden weder bevorzugt noch benachteiligt werden, d. h. vom besseren und vom schlechteren Boden einen Anteil besitzen, verlaufen die Grenzen, ähnlich wie im Hochgebirge, vielerorts senkrecht zur Talrichtung. Auf den Kartenblättern

der Eidgenössischen Landestopographie – vor allem denen im Maßstab 1 : 25 000 – sind sie als punktierte Linie eingezeichnet und so sehr deutlich zu erkennen.
Ein großes und breites Hochtal liegt auf rund 1000 m im Neuenburger Jura. Bekanntgeworden ist es sowohl durch die beiden Uhrenmetropolen Le Locle und La Chaux-de-Fonds als auch durch die Region um La Brévine, das schweizerische Sibirien mit den niedrigsten Januartemperaturen des Landes.
Liegen die beiden Städte mit zusammen rund 60 000 Einwohnern nur 7 km auseinander und werden sogar möglicherweise bald einmal zusammenwachsen, so finden wir nur wenige Kilometer weiter südwestlich die Einsamkeit der Wälder und Weiden im Bergland um La Brévine.
Ebenfalls ein Hochtal im Kettenjura ist das Vallée de Joux im Kanton Waadt, eingebettet zwischen die Ketten des Mont Risoux und des Mont Tendre. Das Klima hier ist rauh, wie in den meisten Hochtälern des Kettenjura. Den Abfluß des Lac de Joux sucht man vergeblich. Seine Wasser versickern im verkarsteten Boden. Hinter Vallorbe sprudeln sie als Quelle der Orbe aus dem Kalkgebirge.
In einem Seitental der Orbe, zwischen der Wasserscheide von La Sarraz, die Rhein und Rhone und damit die Einzugsgebiete von Nordsee und Mittelmeer trennt, und Vallorbe liegt das verträumte Örtchen Romainmôtier. Eine wunderschöne Kirche im romanischen Baustil ziert den Ort.
Dieses Buch will zwar nicht die geographischen, historischen und kulturellen Aspekte des Schweizer Jura im Detail behandeln; doch interessiert sich hoffentlich auch der Fossiliensammler nicht nur stur für seine versteinerten Zeugen der Erdgeschichte, sondern auch etwas für die Gegend.
Der Jura ist voller Rosinen und Rosinchen landschaftlicher und architektonischer Art. Hinweise ersetzen das eigene Entdecken keineswegs, sie sollen höchstens eine Hilfe und ein Ansporn sein. Landschaftlich reizvoll sind das Tal der Areuse sowie das Val Travers und wirklich sehenswert die Klus von St. Sulpice und, im unteren Teil, der Felszirkus des Creux du Van.
Erwähnt werden soll auch noch das wundervoll gelegene, Erholung bietende Vallée de La Sagne. Wer von Travers aus in nördlicher Richtung auf einem schmalen Sträßchen aufwärts fährt, dem bietet sich nach kurzer Fahrt durch den kühlen Wald ein erhabener Anblick: Vor ihm liegt zwischen zwei Juraketten eine sanfte Senke mit kleinen Dörfchen, ein paar Weilern, Weiden – und nicht zu vergessen – mit den das malerische Bild abrundenden Moorgebieten, in denen Torf gewonnen wird.
Auch kulinarisch hat der Jura einiges zu bieten. An den nach Südosten exponierten Hängen der ersten Jurakette oberhalb des Bieler und des Neuenburger Sees gedeihen Weinreben; hier wachsen die bekannten Weißweine der Gegend. Aber auch der rote Wein, ein Pinot noir, ist nicht zu verachten. Doch nicht nur diese bevorzugten Lagen produzieren Wein, auch im Kanton Aargau wächst an den Hängen des Tafel- und Kettenjura ein guter Tropfen.
Zu einer herrlichen Symphonie guten Geschmacks verbinden sich Wein und Käse, der im Jura in verschiedenen Varianten produziert

Oben: Das Delsberger Becken, von Develier aus gesehen.

Unten: Das Thal. In der Bildmitte die Klus von Balsthal.

wird, beim weltbekannten Fondue, das in jeder Gegend anders gemischt wird. Apropos Käse: Kennen Sie die Mönchsköpfe, die Têtes de Moine, hochzylindrische Käselaibe von ca. 800 bis 2000 g? Sie wurden – daher auch der Name – früher von den Mönchen des Klosters Bellelay hergestellt.
Eine einfache, aber schmackhafte Mahlzeit ist das Neuenburger Lauchgericht mit Leberwurst. Dazu trinkt man einen guten Weißen. Im Gebiet des neuen Kantons Jura ißt man gerne Morcheln aus den Jurawäldern in Rahmsauce, wozu hausgemachte Nudeln gereicht werden.
Es war die Rede davon, der Reisende dringe entweder über einen Paß oder dann durch eine Klus in den Kettenjura ein. Pässe gibt es denn auch in Hülle und Fülle, bekannte und gut ausgebaute, wie die Staffelegg von Aarau nach Frick, den Untern Hauenstein vom Eisenbahnknotenpunkt Olten nach Sissach, die Vues des Alpes vom Neuenburger See nach La Chaux-de-Fonds oder auch etwa den Col du Marchairuz vom Ufer des Genfer Sees ins Vallée de Joux. Daneben existiert aber noch eine Vielzahl von kleinen Übergängen, nur dem Kenner oder Einheimischen vertraut, wie der Übergang von Mümliswil nach Langenbruck, Breithöchi genannt, oder die Straße über den Grenchenberg von Grenchen nach Court.
Vergessen wir auch nicht den Übergang von Les Rangiers. Er führt von Delémont, der Hauptstadt des jungen Kantons Jura über Develier – hier denke man an die wunderschönen versteinerten Seelilien – nach Porrentruy (Pruntrut). Dieser Paß war schon im 16. Jahrhundert ein strategisch wichtiger Übergang. Seit 1924 steht dort ein überlebensgroßer Soldat, der symbolisch Wache hält, „La Sentinelle“. Die Jurassier, die das Bildwerk nicht besonders mögen, nennen die Gestalt spöttisch „Le Fritz“.
Oft hat man von den Paßhöhen herrliche Ausblicke ins Innere des Jura, zum Mittelland und hinüber zu den Alpen. Die Vues des Alpes – der Name sagt alles – bietet in dieser Beziehung Einmaliges, besonders dann, wenn das Mittelland vom Nebelmeer bedeckt ist. Verschwommen tauchen die Grate und Spitzen aus der grauen Suppe auf. Ihre Umrisse werden nach oben immer konkreter, um sich schließlich in höchster Höhe strahlend vom leuchtend blauen Himmel abzuheben.
Wer Zeit hat, der erlebe den Jura per pedes. Das hat den Vorteil, daß mancher Aufschluß abseits der bekannten Routen entdeckt wird. Oft sind solche Fundstellen viel interessanter als die in der Literatur schon xmal erwähnten. Eine Höhenwanderung über dem Neuenburger See oder von der Saalhöhe oberhalb Erlinsbach über die Geißflue zur Schafmatt nach Olten, ein Wandertag auf dem Mont Raimeux bei Moutier oder das Besteigen von Chasseral, Dent de Vaulion und anderer Gipfel ist ein Erlebnis besonderer Art. Nur so erschließt sich die Landschaft des Faltenjura ganz.
Auf einige besonders markante Rücken führen Bergbahnen und Sessellifte. So ist zum Beispiel der Weißenstein – übrigens auch im Winter ein herrliches Gebiet für den Wanderer und Skiläufer – durch eine Sesselbahn erreichbar. Aber auch der Chasseral ist durch Sessel- und Skilifte erschlossen. Daß Sport im Jura groß geschrie-

Oben: Val Travers (Kanton Neuenburg). Blick talabwärts Richtung Nordosten. Rechts im Bild die Kette des Creux du Van.

Unten: Der Tafeljura oberhalb von Effingen im Fricktal.

ben wird, zeigt sich auch darin, daß auf einer Sonnenterrasse über dem Bieler See die Anlagen und Bauten der Eidgenössischen Turn- und Sportschule Magglingen Platz fanden.

Wie die Alpen bot der Jura dem Eisenbahningenieur einige Schwierigkeiten. Vom Mittelland aus durchstoßen fünf Eisenbahntunnels den innersten Bogen des Kettenjura. Auf französischem Gebiet wäre noch der Tunnel unter dem Mont d'Or zu erwähnen. Diese Bahnbauten brachten neben direkteren Verbindungen auch viele neue Erkenntnisse über den Faltenbau des Kettenjura.

Auch dem kulturell Interessierten wird im Kettenjura einiges geboten, so das alljährlich am ersten Oktobersonntag stattfindende Winzerfest in Neuenburg. Sogar Dichter, Musiker, Maler und Bildhauer „wachsen" auf dem kargen Boden des Jura. Wohl der berühmteste Jurassier ist der weltbekannte Architekt Le Corbusier, geboren in La Chaux-de-Fonds. Und im kleinen tut sich ebenso einiges: Da werden in den Orten Konzerte abgehalten, Ausstellungen organisiert und wird Theater gespielt. Es sind keine weltbewegenden Aktivitäten, aber sie werden meist von der Bevölkerung getragen; hier zeigt sich die Eigenständigkeit der Menschen, die in den Tälern zwischen den Juraketten leben.

2.2 Der Tafeljura

Im Tafeljura, der vor allem in den Kantonen Aargau und Basel-Land sowie in der Ajoie dominiert, sind es die ungefalteten, nach Norden leicht ansteigenden Tafeln mit den dazwischenliegenden kastenförmigen Tälern, die als Hauptelemente die Landschaft prägen. Die obenauf liegenden harten Schichten sind recht verwitterungsbeständig, was dazu führt, daß die Hochflächen nach Norden steil abfallen. An diesen Steilkanten, den Flühen, aber auch auf den kargen Hochflächen, steht noch die ursprüngliche Waldvegetation. Am Hangfuß der Abbruchkanten und im Tal finden wir vorzugsweise das unter den harten Deckschichten liegende weiche, tonige Material.

Im Tal, aber auch dort auf den Tafelflächen, wo der mergelig-tonige Boden tiefgründig ist, wurde der Wald gerodet. Wir finden hier Wiesen und Äcker, an kargeren Stellen Weiden.

Ein Paradebeispiel für den Tafeljura ist der Kornberg südlich von Frick. Nicht überall zeigt sich der Tafelcharakter so schön. In den nördlichen Teilen des Tafeljura, wo weichere Schichten die Oberfläche bilden, hat die Erosion kräftig gewirkt. Die Tafeln sind von Bächen stark angenagt und mit ihren breiten Talböden und Hügeln heute eher wellig.

Ist der Sammler im Frühjahr auf der Suche nach seinen Schätzen, trägt die Tafeljuralandschaft ihren Brautschleier. Es ist die Zeit der Kirschbaumblüte. Ein Fricktaler Bauer oder einer aus Basel-Land ohne Kirschbäume wäre wie ein Schafhirt ohne Schafe. Wenn dann aus den unscheinbaren grünen „Schorniggeli", so nennt man die jungen, unreifen Früchte, schwarze oder rote, saftige, pralle Kirschen geworden sind, hilft die ganze Sippe, ja manchmal das ganze Dorf bei der Ernte der begehrten Frucht. Begehrt ist natürlich auch das Wässerlein, das daraus gebrannt wird, der Kirsch. Welcher Fossilienjäger würde nach einem kalten Herbsttag an der Fundstelle einen heißen Kaffee-Kirsch im Glas, serviert von einer freundlichen Wirtstochter, verschmähen!

Nun, Tafeljura heißt natürlich nicht nur Kirschen und Kirsch. Tafeljura heißt auch Ackerbau, Milchwirtschaft, Viehmast. Die Höfe sind oft so klein, daß das Einkommen für die Ernährung einer Familie nicht ausreicht. Vor allem im 18. und 19. Jahrhundert war daher Heimar-

beit ein willkommener zusätzlicher Verdienst. Praktisch in jedem Haus stand damals mindestens ein Webstuhl. Darauf entstanden die begehrten Seidenbänder (Posamente). Die Heimarbeit wurde schließlich zur Heimindustrie; die Bauern vernachlässigten sogar ihr Land.
Nach dem Ersten Weltkrieg änderte sich jedoch die Mode, und außerdem kam die Kunstseide als Konkurrenzprodukt auf den Markt. Viele Posamenter verloren ihre Arbeit. Sie mußten sich wieder auf ihre ursprüngliche Tätigkeit in der Landwirtschaft besinnen.
Aber auch heute, nachdem die Webstühle aus den Bauerndörfern verschwunden sind, geht mancher Landwirt tagsüber in irgendeinem Industriebetrieb einer Arbeit nach. Landwirtschaft wird am Feierabend oder am Wochenende getrieben. Da die so auswärts Tätigen ihre Tagesverpflegung, solange es noch keine Kantine gab, im Rucksack mitnahmen, wurden sie etwa als Rucksäcklibauern oder, etwas bösartiger, als Mondscheinbauern bezeichnet. Im Zuge der Verbesserung der landwirtschaftlichen Methoden ist die Zahl der auf Nebenerwerb angewiesenen Landwirte gesunken.
In vielen Dörfern des Tafeljura findet man zwar moderne Traktoren und Erntemaschinen, aber noch die alte traditionelle Bauweise. Baumaterial sind der Kalkstein der Gegend und Holz. Das Jura-Bauernhaus ist eigentlich eine Art Dreisäßenhaus in seiner Urform: Wohnung, Tenne (Scheuer) und Stall befinden sich unter einem Dach. Noch vor 250 Jahren sind etliche Häuser mit Stroh oder Schindeln gedeckt gewesen. Typisch ist das hohe Scheunentor mit seinem prächtigen Rundbogen, der einen meist verzierten oder mit der Jahreszahl versehenen Schlußstein aufweist.
Grundsätzlich kann man zwei Siedlungstypen unterscheiden: Die Siedlungen in den Tälern sind meistens Straßendörfer. Sie ziehen sich also links und rechts der Straße in einer einfachen, manchmal auch in einer Doppelzeile dahin. In neuerer Zeit hat sich gerade in diesen Taldörfern viel Industrie niedergelassen. Wie in den Tälern des Kettenjura siedelte sich schon früh die Uhrenindustrie an, so zum Beispiel in Waldenburg. Aber auch Maschinen- und Apparatebau nehmen einen wichtigen Platz ein. Von Basel aus streckten in neuester Zeit Chemiekonzerne ihre Fühler aus. Die Bevölkerung in den Taldörfern hat denn auch seit der Jahrhundertwende erheblich zugenommen.
Ganz anders sieht es in den Dörfern auf den Hochflächen aus. Hier war es fast nicht möglich, Industrien anzusiedeln, denn Fabriken bevorzugen gute Verkehrsverbindung. So wandte man sich in diesen Haufendörfern, die oft windgeschützt in leichten Mulden der Hochflächen liegen, besonders intensiv der Landwirtschaft zu, als die Seidenbandweberei als Verdienstquelle versiegte. Neben dem Getreidebau – er ist heute ebenso wie die Einwohnerzahl der Dörfer eher rückläufig – konzentrierten sich die Landwirte auf Viehzucht, Milchwirtschaft und Obstanbau.
Auf der Suche nach Versteinerungen begegnet man diesen schmucken Dörfern gerne. In der Umgebung von Anwil im baselländischen Fricktal wird man in den Doggerschichten einiges finden. Dabei achte man aber auch auf die versteckten Schönheiten dieses Tafeljura-Dorfes. Vielerorts sind besonders kunst- und kulturhistorisch erhaltenswerte Häuser renoviert worden, wie etwa das prachtvolle Bauernhaus in Aesch, in dem sich das Ortsmuseum befindet, oder Kirchturm und Pfarrhaus in Oltingen. Besonders reizvoll wird die Landschaft im Bereich der „Brandungszone“. Hier hat sich der Kettenjura auf den Tafeljura aufgeschoben. Bewaldete Kuppen, steil abfallende Flühe, jäh

aufragende Felsnadeln, Mulden, kleine Täler und mit Hecken bewachsene Gesteinsrippen erwecken beim Betrachter tatsächlich den Eindruck, auf die Brandung eines Meeres zu blikken, die wie in einer Momentaufnahme erstarrt ist.
Besiedelt ist dieses Gebiet eher schwach. Es liegt auch völlig abseits der Touristenströme. Der Schweizer lernt solch einsame Gegenden höchstens im Militärdienst kennen. Kaum einer genießt die erholsame Ruhe auch einmal privat. Besonders eindrücklich zeigt sich die Eigenart dieser Landschaft im Gebiet Zeglingen – Rümlingen – Eptingen.
Das Stichwort Eptingen bringt uns zu den Mineralquellen, die vielerorts aus dem Boden sprudeln. Das Wasser wird zum Teil in Bädern genutzt oder, wie eben in Eptingen, als Mineralwasser verkauft. – Im allgemeinen sind jedoch die Höhen des Tafeljura eher wasserarm, genau wie die Gebiete im Westen des Gebirgszuges. Das Wasser versickert in den verkarsteten Kalkböden rasch. Trotzdem sind die Anbaubedingungen hier besser als in den Tälern des Kettenjura und auf den weiten Flächen des Plateaujura. Das Klima ist aufgrund der geringeren Höhenlage bedeutend milder. Vor allem bei den Talböden wirkt sich zusätzlich aus, daß sie windgeschützt sind: Die Ernte erfolgt oft früher als im Mittelland.
Trotz der Kargheit des Bodens, den sie bearbeiten, sind die Menschen Fremden gegenüber gar nicht verschlossen. Wer sich nicht zu vornehm fühlt, sich mit einem einfachen Bauern zu unterhalten, erfährt viel Interessantes über die Gegend. Hinweise auf Fundstellen von „Schnecken“, gemeint sind natürlich die Ammoniten, bilden oft die Krönung eines solchen Gespräches.
In kleineren Orten hat sich auch einiges Brauchtum noch erhalten. Wir wollen an dieser Stelle einen recht verbreiteten Brauch erwähnen. Vielerorts wird um Ostern der „Eierauflä-set“ abgehalten. Der Eieraufleser, ein flinker Bursche, muß die in einer langen Reihe auf der Straße plazierten Eier eines nach dem anderen in die Nähe eines Auffangtuches tragen und sie dort hineinwerfen, wobei zum Ergötzen der Zuschauer immer mal wieder eins zerspringt. Gleichzeitig reitet ein anderer Bursche ins Nachbardorf und zurück. Der Eieraufleser muß sich gewaltig anstrengen, will er vor der Rückkehr des Reiters fertig sein, um Sieger des Wettbewerbes zu sein.
Allerlei ulkige Gestalten heidnischen Ursprungs, genau wie der Brauch selbst auch, unterhalten das zahlreich anwesende Publikum. An manchen Orten wird nach dem Aufläset noch eine sogenannte Eierpredigt gehalten. Darin wird humorvoll und manchmal spottend das Dorfgeschehen des vergangenen Jahres kommentiert. Aber auch in der Fasnachtszeit werden alte Bräuche gepflegt. Es handelt sich meist um uralte Feuerriten, die bewirken sollen, daß die Sonne wieder an Kraft gewinnt, wie z. B. das „Schybliwärfe“ im hinteren Leimental.
Beinahe hätten wir in unserer unvollständigen Beschreibung den Zipfel der Ajoie vergessen, der auch zum Tafeljura gehört. Allerdings ist hier der Tafeljuracharakter nicht mehr so ausgeprägt wie im Osten. Von Les Rangiers herunterkommend, betritt man eine breite, leicht gewellte Ebene. Der mergelige Boden ist sehr fruchtbar. Im Hochsommer wogt ein Getreidefeld neben dem anderen, die Ebene ist eine Kornkammer. Vieles erinnert an das nahe Rheintal oder an das Elsaß. Nicht selten begegnet man einem Bauern mit Holzschuhen, wie sie im Elsaß auch getragen werden; es sind Holzschuhe in Schweineschnauzenform, die „moéres de poûe“.

Gegen Süden wird die Ajoie durch den Mont Terri begrenzt. Ausgrabungen ergaben, daß hier ein römisches Lager gewesen sein muß. An Soldaten erinnert auch Cornol; der Ort war Sammelplatz der Schweizer Söldner. Um beim Militär zu bleiben: Im Westen liegt der Panzerübungsplatz von Bure. Mit dieser Feststellung haben wir kaum ein militärisches Geheimnis ausgeplaudert.
Nicht weit davon, in der Nähe des Grenzdorfes Réclère, treffen wir auf sehenswerte Grotten mit Tropfsteinen und farbigem Kalksinter. Fast makaber hört sich ihre Entdeckungsgeschichte an: Im letzten Jahrhundert pflegten die Metzger die Schlachtabfälle in die zahlreichen Erdlöcher zu werfen. Knochensammler räumten sie auf der Suche nach Verwertbarem wieder aus. Dabei stießen sie auf die Höhlen von Réclère. Die Männer besserten von nun an mit dem Verkauf von Bruchstücken aus der unterirdischen Märchenwelt solange ihren Verdienst auf, bis schließlich das Geheimnis doch bekannt wurde.
Auf der andern, der nördlichen Seite der Ajoie liegt Bonfol. Die traditionelle Töpferei dieses Ortes ist vor allem durch die anheimelnden Fondue-Caquelons bekannt geworden. Zentrum der Ajoie ist Porrentruy mit seiner malerischen Altstadt, dem Rathaus und dem fürstbischöflichen Schloß.
Wenn wir Pruntrut in östlicher Richtung verlassen und nach der Ortschaft Cornol nach Südwesten abbiegen, kommen wir in die wildromantische Clos du Doubs. Der Doubs ist ein eigenartiger Fluß. Aus Südwesten kommend, bildet er über viele Kilometer die Grenze zwischen der Schweiz und Frankreich und fließt zielstrebig dem Rhein zu. Aber, als ob ihn Heimweh nach seinem Ursprung befallen hätte, kehrt er unvermittelt bei St. Ursanne um, fließt nach Westen, richtet seinen Lauf wieder nach Norden, bis er schließlich doch endlich wieder die ursprüngliche Richtung nach Südwesten nimmt, beinahe parallel zu seinem Oberlauf, nur etwa 40 km weiter westlich. Dort, wo der Fluß die Grenze bildet, hat er sein Bett tief in die Jurafelsen gegraben. Es ist eine einsame Gegend. Fischer, die die Forellen und Hechte im sauberen, aber dunklen Wasser schätzen, und Freunde des Campings suchen an den Ufern des Doubs Erholung. Vor allem das von der Flußschleife umschlossene Gebiet, der Clos du Doubs, wirkt auf naturverbundene Menschen anziehend.
Die Perle dieser Gegend ist das Städtchen St. Ursanne. Vom Clos du Doubs betritt man über eine uralte Brücke, behütet vom heiligen Nepomuk, den mittelalterlichen Marktflecken. Und es lohnt sich, darin etwas zu verweilen, bevor wir zu den Resten des Korallenriffs über dem Städtchen aufsteigen. Verweilenswert ist z. B. die Stiftskirche mit ihrem prachtvollen romanischen Portal, dem gotischen Kreuzgang und der Krypta unter dem Chor, die aus der Karolingerzeit stammt. Auf einer schön angelegten Straße über dem Doubs verlassen wir diesen herrlichen Flecken Erde in südwestlicher Richtung und steigen von Soubay aus in einigen Haarnadelkurven in die Franches Montagnes, die Freiberge, hinauf.

2.3 Der Plateaujura

Das Gesicht der Landschaft ändert sich jetzt schlagartig. Vergessen sind Wildheit und Enge des Doubstales. Frei schweift der Blick über eine sanfte, weite Ebene in die unendlich scheinende Ferne. Die gegen Westen verebbenden Kräfte der Jurafaltung wölbten die Gesteine im Gebiet des Plateaujura kaum auf, und die Höhen sind rasch wieder abgetragen worden.
Auf den erhalten gebliebenen Rippen stehen in

die Länge gezogene Nadelbaumgruppen und betonen das Streichen der Rippen. Vom Flugzeug aus zeigt sich dem Betrachter ein abwechslungsreiches Mosaik von Weiden, Wäldern, Mooren und Teichen. Flüsse gibt es keine. Einst muß das Gebiet vollständig bewaldet gewesen sein. Pollenuntersuchungen beweisen, daß sogar Eichen und Buchen hier wuchsen. Sie sind heute vollständig aus dem Landschaftsbild verschwunden.
Wieweit die jurassische Eisengewinnung für ihr Verschwinden mit verantwortlich war, kann nur vermutet werden. Daß sich die Nadelbäume in den Weidegebieten behaupten konnten, liegt vielleicht daran, daß sie gegen den Verbiß durch Weidetiere resistent sind. Schon junge Bäumchen treiben, sobald sie angeknabbert werden, nach allen Seiten struppige, beinahe stachelige Äste, in deren Schutz sich der Mitteltrieb ungefährdet entwickeln kann.
Die ausgedehnten Weideflächen sind geradezu ideal für die Haltung von Pferden. So gehören Freiberge und Pferdezucht eng zusammen. Der Pferdemarkt von Saignelégier, der „Marché Concours", ist in seiner Art einmalig und im ganzen Land, ja sogar über die Grenzen hinaus bekannt. Landwirtschaft, Folklore und sportliche Betätigung werden hier auf angenehme Art miteinander verbunden.
Die Weiden sind im allgemeinen im Besitz der Gemeinde und dürfen von allen Bauern einer Gemeinde benützt werden. Überall, wo der Untergrund aus stark zerklüftetem, durchlässigem Kalkgestein besteht, finden wir diese Weiden. Nicht selten trifft man hier auf Karstlöcher und Einsturztrichter (Dolinen). Innerhalb der zusammenhängenden Weideflächen, Wytweiden oder pâturages genannt, liegen vorwiegend im Norden der Freiberge wie Inseln kleinere Ackerzonen, eingefaßt mit Trockenmäuerchen. Auf den mergeligen Böden gedeihen Weizen, Gerste, Hafer, Kartoffeln und viel Gemüse. Die Äcker, man nennt sie finages, sind Privatbesitz.
Die oben erwähnten Teiche und Seen liegen in kleinen Senken, die von wasserundurchlässigen Tonschichten gegen den Untergrund abgedichtet sind. Meist abflußlos, versickert überschüssiges Wasser irgendwo im Randbereich, um dann viele Kilometer entfernt als Stromquelle wieder ans Tageslicht zu gelangen.
Das rauhe Klima und der Wassermangel im Boden spiegeln sich auch in der Bauweise der Häuser. Niederschläge fallen zwar genügend, um die 1000 mm pro Jahr. Nur versickert das Wasser jeweils sofort. Deshalb sind die aus Stein gebauten Häuser mit beinahe quadratischem Grundriß sehr niedrig (Windschutz) und die Dächer so gestaltet, daß sie möglichst viel Regenwasser auffangen; es wird in einer Zisterne gesammelt. Die besondere Siedlungsform dieser Gegend – viele Weiler und Einzelhöfe – macht die Anlage eines öffentlichen Leitungsnetzes zur Wasserversorgung sehr kostspielig; so ist es noch lange nicht überall realisiert.
Die Bewohner der Freiberge haben die Bedeutung ihrer Heimat für den Fremdenverkehr erfaßt. Mancher gestreßte Städter genießt in der stillen Weite der Franches Montagnes seine Ferien. Der Möglichkeiten gibt es viele. Das Gelände ist ideal für Reitsport, Radfahren und Wandern. In den letzten Jahren ist es immer populärer geworden, den Plateaujura vom Zigeunerwagen aus zu erleben. Die schöne und warme Jahreszeit ist allerdings kurz. Nach einem harten, lang dauernden Winter verschmelzen Frühling und Sommer beinahe. Und schon bald wehen wieder die ersten kalten Herbstwinde über die weiten Hochflächen.
Die ortsansässige Bevölkerung möchte trotz der Beliebtheit der Freiberge als Ausflugsziel nicht zu Bewohnern eines neuen Nationalpar-

kes werden. Neben der Landwirtschaft nimmt die Industrialisierung der Region zu. In größeren Ortschaften beträgt der Anteil der in der Industrie Beschäftigten schon über 50% aller Berufstätigen. Wie in andern Gebieten des Jura sind es Uhrenindustrie und Maschinenfabriken, die den Großteil der Arbeitsplätze bieten.

Die Regierung des neuen Kantons will das Gebiet auch verkehrstechnisch besser erschließen. Hoffen wir, daß nicht auch noch diese prachtvollen Landschaften durch moderne und großzügige Projekte, wie das mancherorts leider schon geschehen ist, zerstört werden.

3 Die Entstehung des Juragebirges

Die geographischen Aspekte des Schweizer Jura, wie wir sie in den vorangegangenen Abschnitten kennengelernt haben, sind das vorläufige Resultat des Zusammenwirkens verschiedener Kräfte. Als wichtige aus neuerer Zeit sind sicher die anthropogenen zu nennen, die z. B. hinter dem Bau von Verkehrswegen, Hochhäusern aller Art usw. stehen.
Was nun aber im folgenden interessieren soll, sind nicht diese Landschaftsprägungen, die auf den Menschen zurückzuführen sind, sondern die geologischen Kräfte und Ereignisse, die den Jura entstehen ließen. Selbstverständlich darf dabei der Raum des Jura nicht isoliert betrachtet, sondern muß unbedingt in einem größeren Zusammenhang gesehen werden.
Ins Spiel kommt hier die Zeit, ein durchaus problematischer Begriff, denn wir können uns Zeiträume von mehreren Millionen Jahren kaum vorstellen. Schon was sich alles innerhalb eines Menschenlebens abspielt, ist oft unüberschaubar. Unsere Erde gibt es ungefähr seit 4,5 Milliarden Jahren, das sind 4 500 Millionen Jahre oder ausgeschrieben 4 500 000 000 Jahre. Wahrscheinlich ist unser Planet sogar noch älter, die Gelehrten sind sich da noch nicht ganz einig.
Stellen wir uns das Alter der Erde vor, übertragen auf die Strecke Genf – Lübeck. Wenn in Genf die Entstehung der Erde angenommen wird, so würden wir auf unserer Fahrt nach Lübeck dem ersten Menschen der Spezies *Homo sapiens* 200 m vor dem Holstentor der alten Hansestadt begegnen. Die ältesten Ablagerungen der Jurazeit, des unteren Lias, wären etwas östlich von Hamburg, ungefähr 32 km vor Lübeck erfolgt. Die Jurafaltung hätte demnach rund 2,4 km vor den Toren Lübecks stattgefunden.
Nur auf diese oder ähnliche Weise ist es möglich, sich die ungeheuren Zeiträume, mit denen Geologen und Paläontologen rechnen müssen, einigermaßen vorzustellen.

3.1 Verhältnisse vor der Entstehung

Das Paläozoikum (Erdaltertum), dessen Beginn vor 570 Millionen Jahren und dessen Ende vor 225 Millionen Jahren angesetzt wird, ist geprägt durch zwei gebirgsbildende Phasen. Beginnend im Ordovizium, mit der Hauptfaltungsphase Ende Silur, findet – vorwiegend auf Nordeuropa beschränkt – die kaledonische Gebirgsbildung statt. Bereits im Devon ist sie abgeschlossen, und die Kräfte, die das Gebirge abtragen, überwiegen. Das Klima in dieser Zeit ist warm, semihumid bis semiarid. Gleichzeitig wird im mitteleuropäischen Raum von Böhmen bis zur südlichen Bretagne und vom Massif Central bis zur Iberischen Halbinsel die herzynische oder variskische Gebirgsbildung vorbereitet. Sie setzt mit dem ausklingenden Devon ein und erreicht im Oberkarbon ihren Höhepunkt, um schließlich mit dem Perm zu enden. Die Geburtsstunde des Jura rückt näher. Natürlich ist von einem Juragebirge noch überhaupt nichts zu sehen. Auch die Sedimente, die den Gebirgszug einmal bilden werden, sind noch nicht abgelagert. Doch haben die herzynischen (variskischen) Hauptfaltungen und Metamorphosen das Grundgebirge des späteren alpinen Raumes erfaßt: Der häufig auftretende Biotitgneis im Südschwarzwald ging sehr wahrscheinlich aus kambrischen bis devonischen Sedimenten hervor, die im Verlauf der herzynischen (variskischen) Gebirgsbildung metamorph überprägt wurden. Ebenfalls in diese Zeit gehören Injektionsgneise (Aplitgänge) bei Laufenburg im Rheintal.

Das Klima wechselt im Karbon zu feuchtwarm. In Senken entstehen die „Kohlensümpfe" mit Farnen, Schachtelhalmen, Schuppen- und Siegelbäumen.

Auch das Herzynische Gebirge entgeht dem Schicksal eines jeden Gebirges nicht. Kaum beginnt es emporzusteigen, setzt die Abtragung ein. In rund 40 Millionen Jahren ist das Herzynische Gebirge fast ganz eingeebnet.

Das Klima wird nun zusehends trockener, ja wüstenartig. Wir sind unterdessen in der Permzeit angelangt, oder, um bei unserem Vergleich zu bleiben, wir stehen nur noch 40 km vor Lübeck. Die Kohlensümpfe geraten unter Sedimentbedeckung. Im ausklingenden Perm setzen die ersten Senkungsbewegungen ein, und die verbliebenen Gesteinsformationen herzynischer Herkunft formen sich letztendlich langsam zu einer gewaltigen Schale: der Wiege des Jura.

Mit dem Ende des Perm überschreiten wir die Schwelle zum Mesozoikum (Erdmittelalter). Es dauert bis zur Kreide, deren Ende die Geologen bei 65 Millionen Jahren ansetzen. Der Beginn des Mesozoikum ist weiterhin gekennzeichnet durch trockenes Kontinentalklima, also Wüstenklima. Das Gebiet des Schweizer Jura war damals eine flache, heiße Sandwüste. Sie lieferte die roten bis grauen, gefleckten und fossillosen Sandsteine im Gebiet zwischen Mumpf und Augst, beidseits des Rheins, Sandsteine, die häufig als Baumaterial für Kirchen, öffentliche Gebäude, aber auch für vornehme Privathäuser gedient haben. Diese kontinentalen Sedimente faßt man als Buntsandsteine zusammen und setzt sie in die unterste Abteilung der Trias.

Durch die anhaltende Absenkung kann in der mittleren Trias das Meer von Süden her nach Norden vorrücken. Es entsteht ein flaches, seichtes Randmeer der Tethys mit einer artenarmen, aber individuenreichen Fauna. Dieses Flachmeer ist starken Temperaturschwankungen ausgesetzt und weist einen hohen Salzgehalt auf. Es sind vor allem Muscheln (Muschelkalk), die sich unter diesen Verhältnissen behaupten können. Korallen existieren keine, auch sind die Ammoniten und die Echinodermen nur durch wenige, den außerordentlichen Bedingungen angepaßte Formen vertreten.

Während einer Rückzugsphase des Meeres im mittleren Muschelkalk ändert sich das Klima zu warmtrocken. Es bilden sich zum Teil recht große Lagunen, die teilweise eingedampft werden. Die Steinsalzlager bei Rheinfelden zeugen heute davon. Auch Gips und darüber Tone und Mergel werden abgelagert, die bei späteren Meeresvorstößen die darunter abgelagerten Salzschichten vor Auslaugung schützen.

Im oberen Muschelkalk breitet sich das Meer wieder aus. Es bildet sich ein Schelfmeer, in dem sich Kalke ablagern, die sehr fossilreich sind (Hauptmuschelkalk). Mit Vorliebe wird diese Gesteinsart heute noch zu Bauzwecken verwendet. Schon das Kloster Königsfelden bei Brugg wurde aus Muschelkalkstein erbaut.

Im Keuper wird das Meer sehr seicht und lebensfeindlich. Die Fossilfunde sind der Schelf- und Regressionsfazies einzuordnen.

Die Pflanzenwelt in den zum Teil sumpfigen Niederungen ist sehr artenreich. Immer noch sind Farne und Schachtelhalme vertreten. Die Gymnospermen beginnen ihren Vormarsch, vor allem Koniferen sowie Verwandte der Sagopalme und des Ginkgobaumes.
Die Fauna weist Vertreter von den Einzellern bis zu den ersten Übergängen von Reptilien zu Säugern auf. Es ist die Zeit der Reptilien, besonders der Saurier, oft riesigen Ungetümen, die sich von Pflanzen ernähren. Der 1976 in Frick (Kt. Aargau) gefundene Plateosaurier ist bestimmt während der Nahrungssuche in einen Sumpf geraten, eingesunken und kläglich ertrunken.
Die kontinentalen Ablagerungen am Schluß der Keuperzeit bestehen aus mit Pflanzenresten durchsetzten roten Sandsteinen, die im Volksmund auch Schilfsandstein genannt werden. Diese Sedimente und die etwas tiefer liegende Lettenkohle, nachgewiesen im Birsbett bei Basel und ebenfalls pflanzenführend, deuten darauf, daß die Gegend damals eine Uferzone mit einer Art Mangrovensumpf gewesen sein muß. Der Gips an der Lägern bei Baden stammt ebenfalls aus der Schlußphase des Keuper, als das Meer flacher wurde.
Die nächste Periode der Erdgeschichte, die den Namen von unserem Gebirgszug erhalten hat, die Jurazeit, beginnt mit einem weltweiten Vorrücken des Meeres. Es bilden sich nun Meeresbecken. Erfolgt das Abtauchen des Landes während der Trias noch verhältnismäßig langsam – die Sedimentation konnte mit der Absenkung Schritt halten, und es bildeten sich nur Seichtwassersedimente –, verstärkt sie sich im unteren und mittleren Jura. Im mittleren Lias tauchen bereits die ersten Tiefseesedimente auf. Es sind feine tonige und mergelige Ablagerungen. Allerdings sind diese Tiefseeablagerungen nicht im Gebiet des Schweizer Jura zu finden; sie sind typisch für die tieferen Regionen der alpinen Geosynklinale. Die Juraregion ist nach wie vor ein Flachmeer mit pelagischer Fauna. Doch deuten die über das ganze Gebiet verbreiteten Ammoniten- und Belemnitenarten und die fehlende Korallenfauna darauf hin, daß zur Zeit des Lias der Ablagerungsraum doch eher tiefer und damit für die Einflüsse der Weltmeere offen gewesen ist.
Die Jurazeit war überhaupt die große Zeit der Ammoniten, Belemniten, Schnecken, Muscheln, Seesterne, Seeigel, Schwämme und Korallen. Besonders die Ammoniten sind für die einzelnen Abschnitte der Juraperiode ausgezeichnete Leitfossilien. Die meist dunklen, tonigen, schiefrigen Sedimente haben dem Lias den Namen „Schwarzer Jura“ eingetragen. Wichtiges Schichtglied sind die Arietenkalke des unteren Lias mit riesigen Bänken von *Gryphaea arcuata* und der häufig auftretenden Ammonitengruppe der Arietiten. Die Fauna ist im allgemeinen sehr artenreich.
Die feinblättrigen Mergel in der Gegend von Brugg, Baden und Aarau mit Seeigeln, Krebsen, eingeschwemmten Landpflanzen und Insekten, die sogenannten Insektenmergel im untersten Lias, lassen vermuten, daß das Gebiet des Schweizer Jura damals vorübergehend eine Uferzone gewesen sein muß.
Im Dogger oder mittleren Jura werden zu Beginn mächtige biogene Sedimentschichten abgesetzt. An einigen Stellen des Jura erreichen sie bis zu 100 m Mächtigkeit. Es sind dunkelgraue, tonige Mergel, die als Opalinuston bezeichnet werden. Der kleine Ammonit *Leioceras opalinum* ist das Leitfossil dieser Schicht. Heute liefern die Opalinustonvorkommen das Rohmaterial für verschiedene Ziegeleien. Als Baugrund sind diese Ablagerungen weniger geeignet, da sie ausgeprägte Rutschhorizonte sind. Auch in der vom Menschen ungestörten

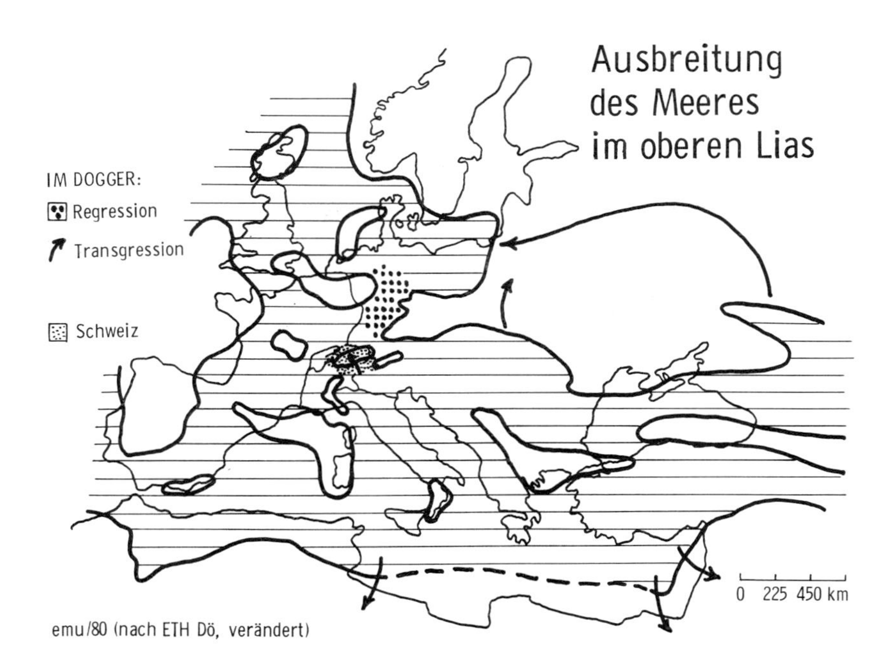

Landschaft verrät sich der Opalinuston des Untergrundes durch Rutschbuchten.
Im Dogger bildet sich im Jurameer eine sehr reiche Fauna aus. Vor allem Ammoniten und Belemniten treten in zahlreichen Arten auf. Die Bodenfauna, vertreten durch Brachiopoden und einige flache Muscheln, ist etwas spärlicher. Auch Seeigel und Seelilien besiedelten die Schilfzone. Im mittleren Dogger beginnt sich der Meeresgrund in einzelnen Regionen wieder zu heben. Ausgedehnte Seelilienrasen und Korallenriffe entstehen.
In diesen Flachwassergebieten wird von einzelligen Algen Kalk ausgefällt. Dieser setzt sich an Schalentrümmern und Sandkörnern ab. Strömungen wirbeln sie auf und rollen sie hin und her: Es bilden sich Kügelchen, sogenannte Oolithe. Sie sind mit bloßem Auge sehr gut erkennbar. Ihre braune Farbe stammt von eingebautem Eisenoxid, vorwiegend Limonit, Fe_2O_3. – Es ist übrigens die oftmals braune Farbe seiner Gesteine, die dem Dogger zum zweiten Namen, Brauner Jura, verhalf. – Früher hielt man besagte Oolithe für versteinerte Fischeier bzw. Rogen. Und von daher erhielt diese Schicht den Namen Hauptrogenstein.
Gegen Ende der Doggerzeit senkt sich der Boden wieder allmählich. Doch kann die Sedimentation die Absenkung immer wieder ausgleichen. Manchmal, wie an der Staffelegg bei Aarau, wachsen die Korallenriffe nicht schnell genug, so daß sie von Sediment zugedeckt werden.
Gegen Ende des Dogger zeigt sich eine deutliche Absenkungstendenz: Die Sedimentzufuhr hält nicht mehr Schritt, das Wasser wird tiefer,

der Einfluß des offenen Meeres deutlicher. Mergel und knollige Kalke entstehen. Armfüßer (Rhynchonellen) besiedeln rasenartig den Meeresgrund, auf dem sich als weitere Bewohner Muscheln und verschiedene Schneckenarten tummeln. Der Eisengehalt der Schichten nimmt zu. Ammoniten, wie die Gruppe der Macrocephaliten, geben ihnen ihren Namen. Übrigens wurden diese stark eisenhaltigen Schichten im Bergwerk von Herznach am Fuße der Staffelegg bis vor kurzem abgebaut. Zu erwähnen ist noch, daß die Sedimentation der Oolithe öfters von mergeligen „Einschüben", die das Tieferwerden des Meeres anzeigen, unterbrochen ist.

In der nun folgenden Malmzeit (Weißer Jura) werden die unterschiedlichen Ablagerungsbedingungen im West- und im Ostjura immer offensichtlicher. Im Westen und Nordwesten entstehen in flacheren Meeresgebieten ausgedehnte Korallenriffe. Das Klima darf als subtropisch bis tropisch angenommen werden. Damit dürfte auch das Wasser recht warm gewesen sein. Sicher lag die Temperatur über 18° C. Das und die geringe Wassertiefe begünstigten ein intensiveres Wachstum der Korallenbänke. Zum ersten Male tauchen Foraminiferen auf, die Gruppe der Globigerinen, die sich in den obersten, lichtreichen Wasserschichten treiben lassen. – Das Meer wird gegen Südosten tiefer. In dem dort schlammigen Boden siedeln sich Schwammkolonien an.

Die heute gebräuchlichen Schichtbezeichnungen tragen diesem Unterschied zwischen West und Ost Rechnung. Im Westjura werden die Korallenkalke Rauracien und im Ostjura die schwammreichen Mergel und Kalke Argovien genannt.

Die Fauna des Rauracien ist äußerst reichhaltig. Zwischen den zahlreichen Korallenstöcken siedeln Seelilien. Der unregelmäßig gezeichnete Seeigel *Glypticus hieroglyphicus* und große, dickschalige Vertreter der Gattung *Cidaris* mit keulenförmigen Stacheln bereichern das untermeerische Leben. Hinter den Riffbarrieren fristen Schnecken und Muscheln ihr Dasein. Kolonien von Armfüßern sind eher selten.

Die mergeligen Kalke des Argovien enthalten hingegen häufig die scheibenförmigen Ammoniten der Gattung *Ochetoceras*. Die Belemniten treten etwas zurück. Sehr zahlreich sind natürlich die Schwämme verbreitet. Auch Brachiopoden kommen in ausgedehnten Rasen vor.

Vom unteren bis mittleren Malm ist eine Verlagerung der Korallenriffe von Norden nach Süden zu beobachten. Solche Verlagerungen auf kleinem Raum und in geologisch sehr kurzen Zeiträumen sind für Riffgebiete recht typisch. Vermutlich bildete die Linie Basel – Delémont – Les Fontenelles eine Schwelle im sich nach Südosten und Nordwesten öffnenden Meer, auf das wir aus Sedimenten schließen müssen, die in tieferem Wasser abgelagert wurden.

Etwas später, im Séquanien, weisen die Ablagerungen einen starken festländischen Einfluß auf. In den *Natica*-Schichten – der Name stammt von der Raubschnecke *Natica* – finden sich Quarzkörner und Schwermineralpartikel (Granat, Turmalin). Die geringe Korngröße (im Schnitt 0,1 mm) weist auf einen langen Transportweg hin. Vermutlich stammen diese Sedimentbestandteile aus dem im Norden gelegenen Festland, dem von Basel 200–300 km entfernten Rheinischen Massiv. Man darf annehmen, daß gewisse Gebiete sogar zeitweise verlandeten oder wenigstens ausgesüßt wurden.

Die reichhaltigen Ablagerungen des West- und Nordwestjura stehen ganz im Gegensatz zu den monotonen Schichtfolgen und Wechsellagerungen von Kalk und Mergeln im Osten. Am-

moniten (Perisphincten) und dünnschalige Muscheln zeigen größere Wassertiefe und mit Schlamm bedeckten Boden an. Auch in diesem Bereich wird der Meeresgrund kurzfristig angehoben. Es können sich einige wenige Korallen und Seeigel ansiedeln. Doch sind die Einflüsse des offenen Meeres offensichtlich.
Gegen Ende der Jurazeit bleiben die Ablagerungsbedingungen im Westen mehr oder weniger gleich. Im östlichen Jura hingegen ist eine Hebung des Meeresbodens im Gange. Reine, dichte, pelagische Kalke werden sedimentiert. Sie enthalten immer weniger Anzeichen von Leben. In den zuletzt abgelagerten Portland-Kalken trifft man nur im untersten Schichtbereich auf eingeschwemmte Ammoniten. Das Meer beginnt sich langsam zurückzuziehen. Nur im Westen, in der Gegend von Genf, sind weiterhin Korallen-Riffbildungen zu konstatieren.
Die nun anbrechende Kreidezeit leitet bis ins untere Tertiär in ein warmes, regenreiches Klima über. Große Teile des heutigen Jura, insbesondere im Osten, Norden und Nordwesten, sind zu Festland geworden. Süßwassersedimente mit geringer Mächtigkeit entstehen. Süßwasserschnecken und Muschelkrebse sind in ihnen enthalten. Im alpinen Geosynklinalbereich lagern sich zu dieser Zeit weiterhin Ammoniten- und Aptychen-Kalke ab. Während auf dem Festland die Erosion bis in den oberen Malm fast ohne Ausnahme alles Gestein (insbesondere des Portlandium) abträgt, dringt das Meer wieder etwas nach Norden vor. Die Gegend des Bieler Sees wird aber nicht überschritten.
Schnecken, Muscheln und Seeigel sind die häufigsten Vertreter der Kreidefauna im Gebiet des Westjura. Dickschalige Muscheln (Capriniden) bilden Kolonien, aus denen die Urgon-Kalke aufgebaut sind. Auch mit bis zu 1 cm Durchmesser recht große Foraminiferen (Orbitolinen) sind häufig. Im heutigen Val Travers sind die Urgon-Kalke mit Bitumen imprägniert. Eine besonders bitumenreiche Schicht wird bei La Presta abgebaut.
Transgressions- und Regressionsphasen mit Erosion wechseln in kurzer Folge. Das erklärt auch die oberkretazischen, Großforaminiferen enthaltenden Sedimente in Dolinen (Taschen), Höhlen und Spalten der Jurakalke. Anders als im alpinen Raum und vor allem in den helvetischen Decken, wo sie den Juragesteinen am ähnlichsten sind, spielen die Sedimente der Kreidezeit im Jura nur eine unwesentliche Rolle.

3.2 Verhältnisse während der Entstehung

Mit dem erdgeschichtlichen Abschnitt der Oberkreide geraten wir nun, um bei unserem Vergleich zu bleiben, ca. 16 km vor Lübeck, in eine erste Phase von Kompressionen in der alpinen Geosynklinale. Vor allem im Südosten und im Bereich der Eugeosynklinale bahnen sich erste Faltungsvorgänge an. Die Geosynklinale tritt also in ihre Endphase ein.
Die Alpenfaltung steht ja im Zusammenhang mit dem Verschieben einer südlichen Landmasse, der afrikanischen Scholle, gegen Norden. Die alten, aus der Zeit der herzynischen Gebirgsbildung stammenden Massive im Norden, die heute durch den Oberrheinischen Graben getrennten Vogesen und der Schwarzwald, im Westen das französische Zentralmassiv und im Nordosten die Böhmische Masse spielen dabei die Rolle eines Puffers.
Die dazwischenliegenden Krustenteile werden zusammengeschoben und aufgefaltet. Sie steigen als Inselketten aus dem Meere auf; es beginnt Abtragung. Die anfallenden Sedimente, der Geologe spricht von Flysch, werden in die

sich nach Norden und Westen verschiebenden Meereströge abgelagert. Es entstehen mächtige Wechsellagerungen von Sandstein und Schieferton. Im Gebiet des Jura setzt die Erosion ihr Werk fort. Die freigelegten Kalke verkarsten.
Schon zur Zeit der mittleren Kreide setzt in der Landflora unvermittelt ein Wechsel ein. Noch dominieren die Gymnospermen, doch werden Farne und Schachtelhalme verdrängt. An verschiedenen Stellen der Erde treten jetzt Vertreter der Angiospermen auf; unter anderem auch Magnolie und Weide. Wenig später erscheinen neben den Dikotyledonen auch die ersten Monokotyledonen.
Bedingt durch starken Eisengehalt, sind die als Verwitterungsprodukte der Kalke entstandenen Böden auffällig rostrot. Am besten vergleicht man sie mit den heutigen Lateritböden in tropischen Regionen.
In den durch die Verkarstung geschaffenen Dolinen sammeln sich die Verwitterungsprodukte an. Dazu gehören die roten bis gelblichen Bolus-Tone, die im Jura weit verbreitet sind. In größeren und tieferen Dolinen reichern sich im unteren Teil Eisenverbindungen (Limonit) an. Es entstehen runde oder ovale, erbsen- bis haselnußgroße Bohnen, das sogenannte Bohnerz. Die Bildung dieser Vorkommen, die im 19. Jahrhundert zum Teil ausgebeutet wurden (z. B. Delsberger Becken), geht zurück ins Eozän. – Zu dieser Zeit war der heutige Alpenraum noch Meer, wie die hier oder auch im heutigen Pariser Becken immer noch abgelagerten marinen Sedimente verraten. Die enorm weite Verbreitung der roten, eisenhaltigen Ablagerungen auf dem Festland der damaligen Zeit hat jener Epoche auch den Namen Siderolithicum (Eisensteinepoche) eingetragen.
Auch feine, weiße Quarzsande (Huppererde, Glassande) werden in die Dolinen eingeschwemmt. In den sogenannten Huppergruben baut man sie heute noch zur Herstellung von feuerfesten Steinen, Formsanden und Glas ab. Schnecken *(Planorbis, Melania)* in Süßwasserkalken zeugen von den Seen des eozänen Festlandes. Auch Reste von Säugetieren finden sich nun immer zahlreicher. Diese Tiergruppe, die seit der obersten Trias nachgewiesen ist, aber im Mesozoikum selten und unscheinbar bleibt, beginnt sich im Tertiär auszubreiten. Im Paläozän, also vor rund 65 Millionen Jahren oder bei unserem Vergleich 13 km vor Lübeck, erscheinen die ersten primitiven, vielzehigen Huftiere. Seit dem Eozän leben in den Meeren auch Seekühe und Wale. Die Ammoniten, im Mesozoikum als Leitfossilien unentbehrlich, sind mit wenigen Ausnahmen von der Bildfläche verschwunden. Leitende Funktion übernehmen im Neozoikum (Tertiär und Quartär) Großforaminiferen, pelagische Kleinforaminiferen, Nannoplankton, Mollusken und Säugetiere.
Im Übergang zum Oligozän steigen Schwarzwald und Vogesen auf; der Oberrheintalgraben beginnt sich einzusenken. Als Folge der ständigen Kompressionen im Bereich der alpinen Geosynklinale und der damit verbundenen Auffaltungen wird das Becken dort, wo heute das Mittelland ist, rasch mit Schutt aufgefüllt. Das Gebiet sinkt ab. Allmählich dringt mehr Wasser aus dem Bressegraben durch die Burgundische Pforte in den entstehenden Rheintalgraben. Es bilden sich Lagunen, die dünnschichtige Kalkmergel liefern. Sie sind reich an Versteinerungen von Tieren, die als Lebensraum Brackwasser bevorzugen. In einer späteren Phase werden Gips und Salz ausgefällt.
Im mittleren Oligozän wird die Verbindung zwischen dem Bresse- und dem Rheintalgraben unterbrochen. Durch die Öffnung des Oberrheinischen Grabens nach Norden strömt aus

jener Richtung erneut Meerwasser ein. Unterdessen senkt sich das Gebiet des heutigen Mittellandes weiter. Es bildet sich der Molassetrog, beginnend am Genfer See und über Bayern, Österreich bis Mähren reichend, begrenzt durch den werdenden Schweizer, Schwäbischen und Fränkischen Jura.

Man darf annehmen, daß die Kräfte, die im alpinen Raum zur Auffaltung eines Gebirges führen, sich jetzt verstärkt auf den jurassischen Raum auszuwirken beginnen. Im Bereich des heutigen Plateaujuras sind die ersten schwachen Faltungsanzeichen festzustellen. Sofort setzt auch wieder die Erosion ein und legt den Grund zu dem in Kapitel 2.3 beschriebenen charakteristischen Landschaftsbild: Die vielen Rippen sind Überbleibsel der schwachen Falten, die damals entstanden.

Durch die sogenannte Rauracische Senke, die ungefähr der Linie Mulhouse – Solothurn folgte, besteht im mittleren Oligozän quer durch den im Entstehen begriffenen Jura eine Meeresstraße vom Molassebecken zum Oberrheinischen Graben. Foraminiferenfunde aus dem alpinen Bereich an sekundärer Lagerstätte bis in die Gegend von Mainz deuten auf diese kurzlebige Verbindung hin. Während im mittleren Oligozän die Ablagerungen im Molassebecken noch flyschartig (Mergelschiefer und Sandsteine) sind, wird das Wasser im oberen Oligozän rasch brackisch. Eigentliche Brackwasser-Sedimente sind jedoch nur in der Westschweiz festzustellen.

Im nördlichen Bereich beginnt die Zeit der Nagelfluhablagerungen. Riesige Schuttfächer gehen vor allem von den aufsteigenden Alpen, aber auch vom Jura aus. Zusammen mit feinem Material bilden die zur Ablagerung gelangenden Kiesel vorwiegend am Alpen- und am Jurarand die typischen Nagelfluhkonglomerate. Es entsteht die untere Süßwassermolasse.

Diese festländische Sedimentation hält bis ins untere Miozän an. Blatteinschlüsse, z. B. des Zimtbaumes, des Ahorns oder des Kampferbaumes, in Sandsteinen und eine artenarme Fauna belegen eine Zeit, in der sich das Meer weit zurückgezogen hat. Das Klima ist subtropisch. Süßwasserkalke sind im ganzen Jura, vor allem im Delsberger Becken verbreitet. Sie enthalten alle die gleichen Arten von fossilen Süßwasserschnecken; auch eingeschwemmte Landschnecken sind recht zahlreich. *Plebecula ramondi* gilt sogar als Leitfossil für das obere Oligozän.

In Oligozän und Miozän, die für die Gegend des Mittellandes und des Jura abwechselnd marine und dann wieder kontinentale Sedimentation brachten, fällt auch die Entstehung des Tafeljura.

Genauso wie der Rheintalgraben sind auch die zahlreichen Grabenbrüche des Tafeljura mit der Auffaltung der Alpen in Zusammenhang zu bringen. Gewaltige Kräfte zerbrechen die über dem Kristallin lagernden mächtigen Schichtpakete; Brüche und Verwerfungen heben einzelne Schollen, senken andere ab und stellen wieder andere schräg. Es kommt zum heutigen typischen Bruchschollenbau dieses Jurateiles. Je nachdem, welche Gesteinsserien durch die tektonischen Vorgänge an die Oberfläche geraten, werden Talbildungen begünstigt oder verhindert. Härtere, schlecht erodierbare, und weichere, leicht verwitternde Schichten zeichnen heutige bewaldete Horste und Flühe bzw. landwirtschaftlich genutztes Land in groben Zügen vor. Grabenbrüche allerdings werden rasch mit Erosionsmaterial wieder aufgefüllt, so daß die Oberfläche im oberen Miozän wieder mehr oder weniger eben ist. Über diese Ebene wird Juranagelfluh abgelagert.

Gegen Ende des Miozän (Helvetien) neigt sich die eher festländisch bestimmte Phase ihrem

Ende zu. Das Molassemeer dringt allmählich wieder bis gegen den Jurasüdfuß vor. Die Obere Meeresmolasse wird abgelagert. Auch in die Rauracische Senke dringt von neuem Meerwasser ein. Turritellen und Pecten tummeln sich auf dem küstennahen Meeresgrund dort, wo die kontinentale Erosion den Hauptrogenstein freigelegt hat.
Dieser letzte Meeresvorstoß dauert jedoch nicht lange. Wir stehen nun bald mitten in der Hauptphase der alpinen Gebirgsbildung. Das Gebirge steigt im oberen Miozän und im anbrechenden Pliozän immer schneller auf. Die alpinen Decken schieben sich mit – geologisch gesehen – ungeheurer Schnelligkeit nach Norden. Schätzungen sprechen von 20–60 mm pro Jahr. Uns an ganz andere Geschwindigkeiten gewöhnten modernen Menschen scheint das, wie auch die seinerzeitigen Abtragungsbeträge von ca. 1 mm pro Jahr, sehr wenig. Bedenkt man jedoch, daß Abtragungsphasen über Jahrmillionen andauern können, bringt uns eine kurze Rechnung bereits zum Staunen. Ein Gebirge mit einer durchschnittlichen Höhe von 2500 m würde bei der oben erwähnten jährlichen Abtragungsrate in 2,5 Millionen Jahren restlos abgetragen und noch schneller eingeebnet sein, weil ja der Erosionsschutt unter Umständen in der näheren Umgebung des Gebirgszuges akkumuliert wird und so zu einem schnelleren Niveauausgleich führt.
In einer der vielen gebirgsbildenden Phasen im alpinen Raum – wir stehen am Ende des Miozän im Torton – beginnen sich verstärkt Schubkräfte auch auf den Jurabereich auszuwirken. Die Schichtpakete der Mittellandmolasse, die bisher nicht oder nur wenig beansprucht worden waren, werden in ihrem nördlichen und nordwestlichen Randbereich schräggestellt. Die von der mittleren Trias an abgelagerten Sedimente werden in Falten gelegt. Untere Trias und Perm sowie natürlich auch das Grundgebirge bleiben von der Faltung verschont.
Wo liegt die Ursache?
Nach neueren Erkenntnissen entstanden die Falten des Kettenjura nicht durch ein Zusammenschieben der Schichten über dem kristallinen Grundgebirge. wir erinnern uns, daß während einer heißen Klimaperiode in der mittleren Trias in seichten Randmeeren Salz- und Gipsgesteine abgelagert wurden; es war die Regressionsphase im mittleren Muschelkalk. Man nennt diese Schichtpakete die Anhydritgruppe. Sie wirkte als Schmierhorizont, auf dem die darüberliegenden Gesteine zusammengeschoben worden sind. Damit, daß vielerorts tertiäre Ablagerungen aus dem Miozän überschoben worden sind, erhält der Geologe eine untere zeitliche Grenze für den Beginn der Überschiebungen.
Der Jura kann als eine vom Hauptast der Alpen abgezweigte Faltenschar betrachtet werden. Das Mittelland wäre demnach ein riesiges, zwischen Alpen und Jura liegendes, selbst wieder durchtaltes Tal. Im Zentrum des Faltengürtels können sich die Kräfte freier entfalten, so daß – im Gegensatz zu den Randzonen im Südwesten und Nordosten – mehrere Kettenzüge gebildet werden können.

Oben: Blick auf die Brandungszone in der Gegend von Zeglingen – Rümlingen (Kanton Basel-Land). Blickrichtung: Südwesten.

Unten: Die Klus von Moutier.

Seite 36/37: Ausschnitt der Geologischen Karte der Schweiz.

OTEL OASIS

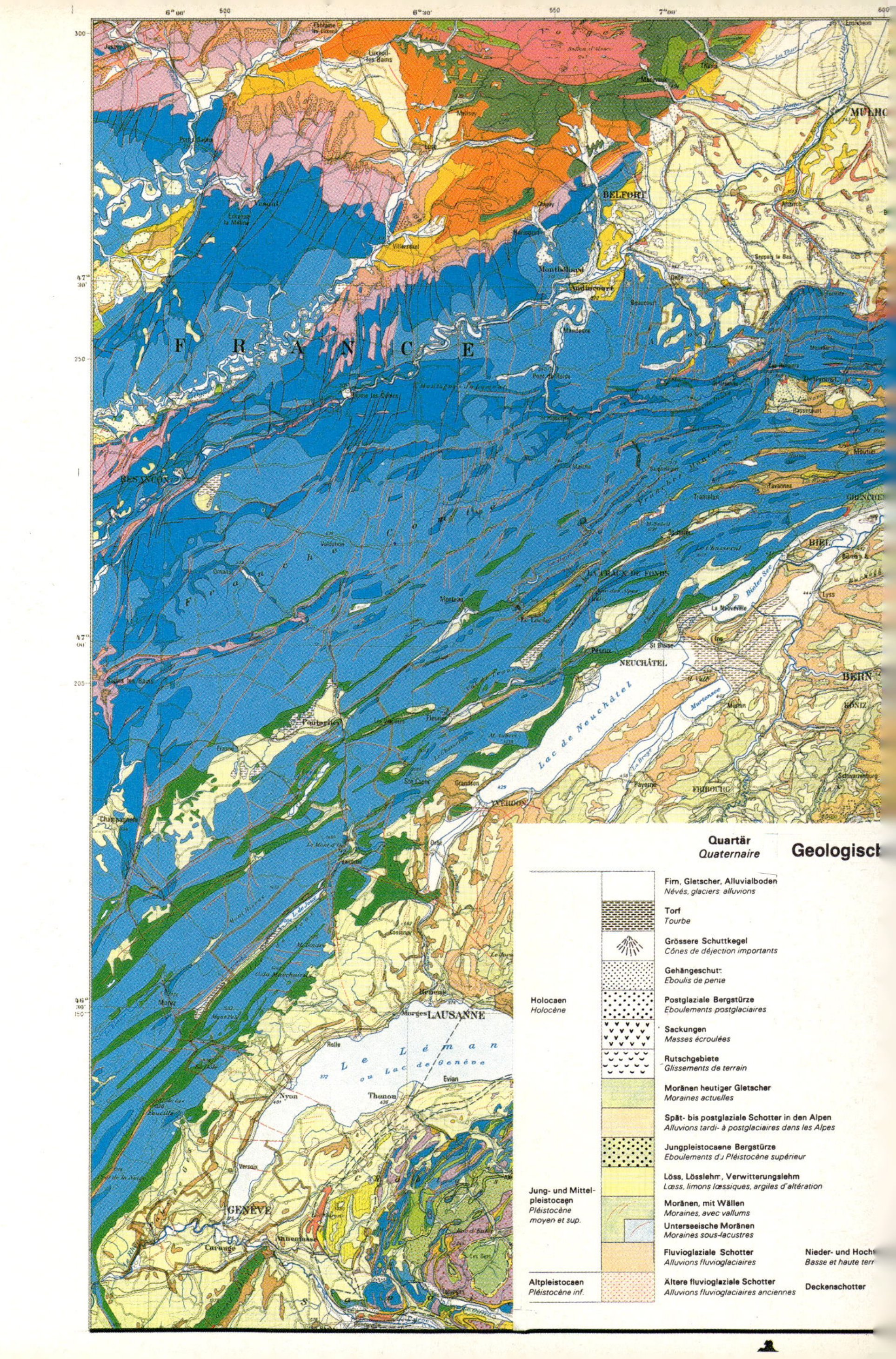
6°00'
6°30'
7°00'
500
550
600
300
250
200
150
47°30'
47°00'
46°30'
F R A N C E
Vosges
Vesoul
BELFORT
Montbéliard
MULHO
Luxeuil-les-Bains
BESANÇON
Valdahon
Morteau
Pontarlier
Salins les Bains
Champagnole
Morez
LA CHAUX DE FONDS
Le Locle
NEUCHÂTEL
Lac de Neuchâtel
YVERDON
Grandson
Ste Croix
Orbe
Vallorbe
Payerne
FRIBOURG
BIEL
Bieler See
Lyss
BERN
Delémont
Tramelan
Le Chasseral
LAUSANNE
Morges
Renens
Rolle
Le Léman
ou Lac de Genève
Nyon
Thonon
Evian
Versoix
GENÈVE
Annemasse
Carouge
Quartär
Quaternaire
Geologisch
Holocaen
Holocène
Firn, Gletscher, Alluvialboden
Névés, glaciers alluvions
Torf
Tourbe
Grössere Schuttkegel
Cônes de déjection importants
Gehängeschutt
Eboulis de pente
Postglaziale Bergstürze
Eboulements postglaciaires
Sackungen
Masses écroulées
Rutschgebiete
Glissements de terrain
Moränen heutiger Gletscher
Moraines actuelles
Spät- bis postglaziale Schotter in den Alpen
Alluvions tardi- à postglaciaires dans les Alpes
Jung- und Mittelpleistocaen
Pléistocène moyen et sup.
Jungpleistocaene Bergstürze
Eboulements du Pléistocène supérieur
Löss, Lösslehm, Verwitterungslehm
Lœss, limons lœssiques, argiles d'altération
Moränen, mit Wällen
Moraines, avec vallums
Unterseeische Moränen
Moraines sous-lacustres
Fluvioglaziale Schotter
Alluvions fluvioglaciaires
Nieder- und Hoch
Basse et haute terr
Altpleistocaen
Pléistocène inf.
Ältere fluvioglaziale Schotter
Alluvions fluvioglaciaires anciennes
Deckenschotter

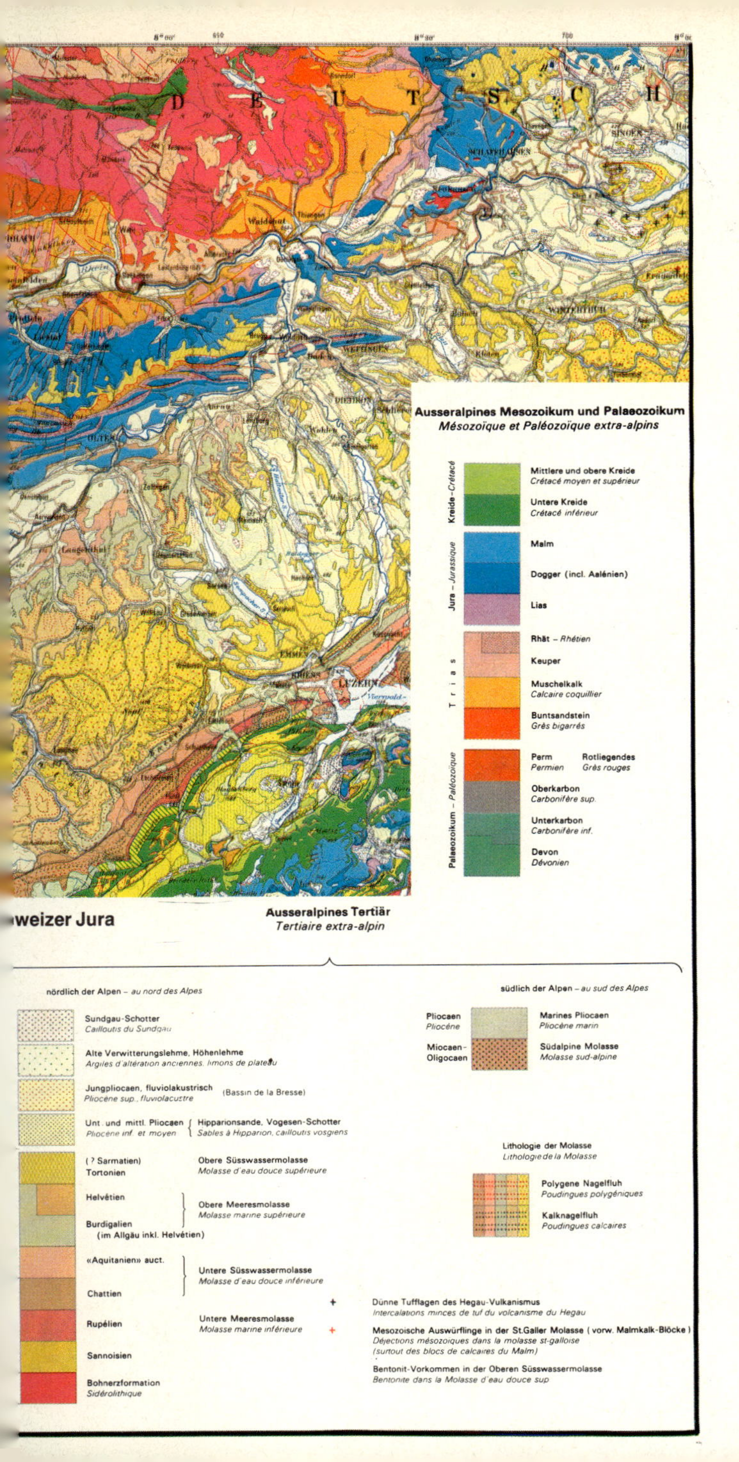

Ausseralpines Mesozoikum und Palaeozoikum
Mésozoïque et Paléozoïque extra-alpins

Kreide – *Crétacé*
- **Mittlere und obere Kreide** – *Crétacé moyen et supérieur*
- **Untere Kreide** – *Crétacé inférieur*

Jura – *Jurassique*
- **Malm**
- **Dogger (incl. Aalénien)**
- **Lias**

Trias
- **Rhät** – *Rhétien*
- **Keuper**
- **Muschelkalk** – *Calcaire coquillier*
- **Buntsandstein** – *Grès bigarrés*

Palaeozoikum – *Paléozoïque*
- **Perm** – *Permien*; **Rotliegendes** – *Grès rouges*
- **Oberkarbon** – *Carbonifère sup.*
- **Unterkarbon** – *Carbonifère inf.*
- **Devon** – *Dévonien*

weizer Jura

Ausseralpines Tertiär
Tertiaire extra-alpin

nördlich der Alpen – *au nord des Alpes*

- Sundgau-Schotter – *Cailloutis du Sundgau*
- Alte Verwitterungslehme, Höhenlehme – *Argiles d'altération anciennes, limons de plateau*
- Jungpliocaen, fluviolakustrisch – *Pliocène sup., fluviolacustre* (Bassin de la Bresse)
- Unt. und mittl. Pliocaen – *Pliocène inf. et moyen*: Hipparionsande, Vogesen-Schotter – *Sables à Hipparion, cailloutis vosgiens*
- (? Sarmatien) Tortonien: Obere Süsswassermolasse – *Molasse d'eau douce supérieure*
- Helvétien; Burdigalien (im Allgäu inkl. Helvétien): Obere Meeresmolasse – *Molasse marine supérieure*
- «Aquitanien» auct.; Chattien: Untere Süsswassermolasse – *Molasse d'eau douce inférieure*
- Rupélien; Sannoisien: Untere Meeresmolasse – *Molasse marine inférieure*
- Bohnerzformation – *Sidérolithique*

südlich der Alpen – *au sud des Alpes*

- Pliocaen – *Pliocène*: Marines Pliocaen – *Pliocène marin*
- Miocaen-Oligocaen: Südalpine Molasse – *Molasse sud-alpine*

Lithologie der Molasse – *Lithologie de la Molasse*

- Polygene Nagelfluh – *Poudingues polygéniques*
- Kalknagelfluh – *Poudingues calcaires*

- + Dünne Tufflagen des Hegau-Vulkanismus – *Intercalations minces de tuf du volcanisme du Hegau*
- + Mesozoische Auswürflinge in der St.Galler Molasse (vorw. Malmkalk-Blöcke) – *Déjections mésozoiques dans la molasse st-galloise (surtout des blocs de calcaires du Malm)*
- Bentonit-Vorkommen in der Oberen Süsswassermolasse – *Bentonite dans la Molasse d'eau douce sup.*

Die zweite Phase der Jurafaltung fällt ins Pliozän. Im Norden schieben sich übergekippte Falten auf den Tafeljura auf. Diese Grenzgebiete zwischen Falten- und Tafeljura werden als Brandungszone oder Schuppenzone bezeichnet. Die Erosion schuf Halbklippen, also in die Falten buchtartig eingeschobene Erosionsfenster.
Die Brandungszone zieht sich, von Westen kommend, über den Mont Terri zur Gegend des Hauensteins (Laufenbecken) und der Staffelegg westlich der Lägern. Überschoben ist im Tafeljura vor allem die im Miozän abgelagerte Juranagelfluh. Im Tafeljura beginnt die Talbildung im Oberpliozän und setzt sich ins Quartär fort.
Mit der Auffaltung des Kettenjura fällt auch die Bildung der Klusen, jener typischen Juraquertäler, zusammen. Daß es oft antezedente Flußläufe waren, die zu ihrer Entstehung führten, wurde bereits erwähnt. Daneben spielen eine Rolle tektonische Anlagen, Verkarstung (Dolinenreihen) oder auch der Überlauf von Seen, die sich in Depressionen gebildet haben. Die im 2. Kapitel beschriebenen Talformen werden vorgezeichnet. Große Längstäler entstehen in den Synklinalen, Rücken und Grate auf den Antiklinalen. Erosion führt auf den Höhen auch zu Antiklinaltälern oder Halbklusen.
Bevor wir uns dem weiteren Verlauf der Erdgeschichte im Juraraume zuwenden, muß noch auf ein Phänomen hingewiesen werden, das während der Entstehung der Alpen – somit auch des Jura – auftrat. Die gewaltigen Kräfte, die bei der Alpenfaltung wirkten, und für große Bewegungen in den obersten Schichten der Erdkruste sorgten, beeinflußten auch die zum Teil recht unstabile Erdkruste im Norden. Sie reißt stellenweise auf, so daß aus dem Erdinnern flüssiges Magma in die Spalten eindringen und aufsteigen kann. Z. B. im Hegau, aber auch im Bayerischen Molasseland, zerstören Ausbrüche vulkanischer Gase die Sedimente. Vulkanasche und Trümmergestein gelangen an die Oberfläche. Im Hegau werden so bis 100 m mächtige Ablagerungen vulkanischen Ursprungs gebildet, die sogenannten Deckentuffe. Die Aschenregen, die bei den gewaltigen Eruptionen emporgeschleudert werden, hinterlassen ihre Spuren in der oberen Süßwassermolasse bis in die Gegend von Neuenburg.
Diese vulkanische Tätigkeit hält bis ins Pliozän an. Die jüngste nachgewiesene Eruption erfolgte vor ca. 6 Millionen Jahren. Weithin sichtbare Zeugen dieses Vulkanismus sind die durch Erosion freigelegten, aus hartem Phonolith (Klangstein) bestehenden Schlotreste. Ein schönes Beispiel ist der Hohentwiel bei Singen. Auch im Rheintalgraben bricht die Erdkruste, so daß der Kaiserstuhl bei Breisach entstehen kann. Sein fruchtbarer Boden vulkanischen Ursprungs wird heute von einer Vielzahl fleißiger Weinbauern genutzt.

3.3 Verhältnisse nach der Entstehung

An der Schwelle zum jüngsten Zeitalter der Erdgeschichte, dem Quartär, also vor rund 2 Millionen Jahren, ist die Bildung des Juragebirges in seine abschließende Phase gelangt. Um noch einmal auf unsere Vergleichsstrecke zurückzukommen: Wir stehen jetzt nur noch ca. 500 m vor den Toren Lübecks.
Bevor wir aber endgültig ins Quartär eindringen, sei noch auf die miozänen Ablagerungen

Oben: Einschnitt des Doubs in die Malmkalke bei Les Brenets.

Unten: Der Plateaujura bei Saignelégier.

vor allem im nördlichen Teil des Jura hingewiesen. Es sind Sandsteine und Nagelfluh aus Jurakalkgeröllen, aber auch Süßwasserkalke und -mergel. Je nach Größe und vor allem Tiefe der Ablagerungsräume erreichen diese Schichten des oberen Miozän unterschiedliche Mächtigkeiten. Nach der Landschnecke *Cepaea silvana* heißen sie *Silvana*-Schichten. Sie enthalten jedoch auch fossile Säugetierreste.
Im Pliozän, dem letzten Abschnitt des Tertiär, zieht sich das Meer endgültig von unserem Kontinent zurück. Europa nimmt mehr oder weniger seine heutige Gestalt an. Nur in den europäischen Tiefebenen kann sich das Meer halten. Mit einem Arm greift es über die Poebene hinaus bis in die Gegend von Chiasso.
Die Alpen werden noch einmal herausgehoben, während, wie bereits erwähnt, auf der andern Seite des Mittellandtroges, der unterdessen vollständig aufgefüllt worden ist, der Kettenjura aufgefaltet wird. Pliozäne Ablagerungen sind auf wenig Gebiete, wie zum Beispiel die Gegend von Charmoille in der Ajoie beschränkt. Wiederum enthalten sie Säugetierreste. Leitfossil ist das aus dem Osten eingewanderte kleine Pliozän-Pferdchen *Hipparion,* ein Vorfahre unseres Pferdes.
Am Ende des Pliozän und zu Beginn des Quartär wird das Klima merklich kühler, die Niederschläge nehmen zu. Damit nimmt auch die Erosionsgeschwindigkeit zu, so daß die Gebirge, insbesondere auch der Jura, rasch wieder abgetragen werden. Vermutungen gehen dahin, daß die Gipfel und Grate des Jura drei bis viermal höher waren als heute. Das aus dem Molassemeer aufgetauchte Schweizer Mittelland war damals eine Hochfläche.
Der erste Abschnitt des Quartär wird von den vier Eiszeiten geprägt. Es herrscht ein beinahe arktisches, niederschlagreiches Klima. Die Alpengletscher stoßen weit in die Täler, ja, bis tief ins Mittelland vor. Diese Eispanzer formen denn auch weitgehend die Hügel und Täler, die heute das Mittelland charakterisieren. Die Ablagerungen dieser Zeit bestehen hauptsächlich aus unsortiertem Schotter, in dem oft auch sogenannte Findlinge oder erratische Blöcke stecken. Das sind besonders große Felsstücke (die größten bis ca. 1000 m^3), die mit dem Eis den Weg von den Alpen ins Mittelland gefunden haben. In vielen Tälern des Mittellandes findet man heute noch recht gut ausgebildete Moränen als Zeugen der Vereisung im Quartär.
Jede Eiszeit hat ihre typischen Ablagerungen. In der ältesten, der Günzeiszeit, lagern die Gletscher die sogenannten älteren Deckenschotter ab. Die Ablagerungen der Mindeleiszeit werden jüngere Deckenschotter genannt. Die Eismassen der größten Vergletscherung im schweizerischen Raume, es ist die Rißeiszeit, hinterlassen die Hochterrassenschotter. Die Niederterrassenschotter lagern dann die Gletscher der geringsten Vereisungsperiode ab; es ist die letzte, die Würmeiszeit. Übrigens stammen die Namen der vier Eiszeiten von Flüssen auf der Schwäbisch-Bayerischen Hochebene, die das Schweizer Mittelland fortsetzt.
Hatten die Eismassen des Pleistozän (Diluvium) einen Einfluß auf das junge Juragebirge? Am ehesten wohl der Rhone- und der Aaregletscher zur Zeit der größten Vergletscherung, also in der Rißeiszeit. Und tatsächlich finden sich, allerdings eher geringmächtige Ablagerungen, nach denen der mächtige Eispanzer des Rhonegletschers den Jurarand von der Gegend des heutigen Vallorbe bis in die Region von Brugg überflutet haben muß. Doch dauerte die Eisbedeckung wohl nur kurze Zeit. Gegen Norden, wo die Jurazüge niedriger sind, dringt ab und zu ein schwacher Nebenarm des Gletschers etwas tiefer in den Jura ein. In den höheren

Regionen können vereinzelt eigene kleine Vereisungszentren lokalisiert werden, wie am Mont Raimeux oder auch etwa am Mont Soleil usw.

In den eisfreien Zonen erstreckt sich Tundra, deren spärliche Vegetation immerhin sogar selbst einem so großen Tier wie dem Mammut genügend Nahrung lieferte. Aus dieser unwirtlichen Zeit stammen auch die ersten Spuren von Menschen der Altsteinzeit. In der Wildkirchlihöhle am Säntis (Voralpen) und aus anderen Höhlen barg man Jagdtierüberreste, die auf einen Aufenthalt von Menschen in der Riß-Würm-Zwischeneiszeit schließen lassen.

Rund 500 000 Jahre sind es noch bis in unsere Zeit. Nehmen wir nochmals unsere Vergleichsstrecke, dann stehen wir nur noch 100 m vor dem Holstentor in Lübeck. Wie unheimlich kurz ist neben solchen Zahlen die Dauer eines Menschenlebens! – Zu sagen ist, daß im Schweizer Jura der Mensch erst in der Nacheiszeit auftaucht.

Doch zurück zur Geologie: Während der Eiszeit entsteht in weiten Teilen der Welt ein interessantes, vor allem im ostasiatischen Raum wichtiges Sediment, der Löß. Während seine Bildung in Europa mit dem Pleistozän als abgeschlossen gilt, bildet er sich in Ostasien auch heute noch.

Löß ist ein äolisches, das heißt vom Wind verfrachtetes Sediment. Die eiszeitlichen Winde im Vorland der Gletscher – heute sind es in Ostasien die winterlichen Winde (Wintermonsun) aus dem Innern Asiens – blasen feine Staubkörnchen aus den Schotterfeldern zu manchmal meterhohen Massen zusammen. Löß ist gelblicher, sandiger, ungeschichteter Silt. Die einzelnen Körner, hauptsächlich Minerale wie Quarz, Feldspat, Glimmer, Granat, Epidot, Hornblende, sind eckig. Der Kalkgehalt ist hoch. Löß besitzt, weil seine Bestandteile kaum gerundet sind, viel Porenraum. Verwittert in wärmeren Zeiten der Löß zu Lehm, schwindet der Porenraum. Die gute Wasserdurchlässigkeit des Löß begünstigt die Bildung von Kalkkonkretionen. Es sind oft lustige, manchmal puppenähnliche Gebilde, die die Phantasie anregen; und so nennt man sie auch Lößkindl.

Kalk setzt sich auch an den Mineralkörnchen oder an Pflanzenwurzeln ab. Wenn die Wurzeln verwittern, bleiben Kalkröhrchen im Löß zurück. Auch Fossilien finden sich im Löß. Es sind die Lößschnecken, kleine Landschnecken, wie z. B. *Helicigona* oder *Clausilia.* Ebenso werden Reste von Säugern (Zähne und Knochen) eingebettet. Eines der vier Lößgebiete der Schweiz ist das Rheintal vom Klettgau bis Basel. Eiszeitlicher Staub wurde auch in die Randgebiete des benachbarten Tafeljura geweht, so daß auch hier vereinzelt schwache Lößhorizonte auftreten.

Nicht während des ganzen Pleistozän herrschte Tundrenvegetation. Während der Zwischeneiszeiten, die bedeutend wärmer sind, bedeckt sich die Erdoberfläche mit einer reichen Flora. Aufgrund von Pollenanalysen, aber auch von Pflanzenresten in Schieferkohlen, z. B. bei Dürnten im Kanton Zürich oder Gossau im Kanton St. Gallen, darf man annehmen, daß weit verbreitete Pflanzen in der zwischeneiszeitlichen Flora Fichte, Föhre, Weißtanne, Birke, Hasel und Weide waren.

Nach der letzten Eiszeit (Würm) ziehen sich die Gletscher endgültig in ihre alpinen Refugien zurück, wo sie mehr oder weniger stationär sind. Wir kommen somit in den vorläufig letzten Abschnitt der ganzen Erdgeschichte, das Holozän oder die Nacheiszeit. Sie beginnt 12 000 vor Christus und ist in allen Teilen der Schweiz, auch im Jura, geprägt durch Verwitterung und Abtragung.

Seit der Bildung der mesozoischen Sedimente, das darf man wohl behaupten, spielt die Erosion eine weit größere Rolle als die Bildung neuer Gesteine. Die Täler, die durch tektonische Vorgänge sowie Flüsse, Gletscher etc. in der jüngeren und älteren Vergangenheit gebildet worden sind, erfahren nur noch geringfügige Veränderungen. Bäche und Flüsse lagern Schutt ab. In den Seen ist es feinkörniges Material, das oft viel organische Substanz enthält. Die meist sehr weichen und lockeren Sedimente der Uferregionen bestehen aus organischen Kalken, angereichert mit Schnecken- und Muschelschalen: Es ist die sogenannte Seekreide. Tritt in Kalkgebieten eine Quelle zutage, was im Jura sehr häufig ist, entstehen Kalktuffe. Abgefallenes Laub, feine Ästchen und anderes wird an solchen Stellen von einer dünnen, meist weißen Kalkschicht überzogen. Oft sind es wahre Wunderwerke der Natur, die auf diese Weise entstehen.
Abwitternder Fels wird zu Gehängeschutt, manchmal auch zu Lehm und Ton. Bergstürze und Erdrutsche verändern die Oberfläche innerhalb kurzer Zeit. Dabei spielen früher abgelagerte Schichten oft eine wichtige Rolle, beispielsweise die Opalinustonschichten als Rutschhorizonte.
Im an kalkigen Sedimenten reichen Jura ist die chemische Verwitterung ein wesentliches Element der Erosion. Es schadet sicher nichts, wenn man sich in diesem Zusammenhang kurz die wichtigsten chemischen Tatsachen in Erinnerung ruft. Die Kalkgesteine bestehen zu einem großen Prozentsatz aus Kalk, also $CaCO_3$; der Chemiker nennt diesen Stoff Kalziumkarbonat. Die Luft enthält bekanntlich in geringer Menge CO_2, Kohlendioxid. Es verbindet sich mit Wasser, H_2O, zu Kohlensäure, H_2CO_3. Oberflächenwasser, sei es ein Bach oder Regen, enthält also stets etwas Kohlensäure, die, kommt sie mit Kalkgestein in Berührung, dieses angreift. Es entsteht das in Wasser lösliche Kalziumbikarbonat oder, mit anderem Namen Kalziumhydrogenkarbonat, $Ca(HCO_3)_2$. Auf diese Weise wird der Kalk des Juragebirges, natürlich auch anderer Kalkgebirge, langsam aufgelöst und abtransportiert.
Sichtbar weisen auf diesen chemischen Vorgang hin z. B. allerfeinste Rinnen im Gestein, die Rinnenkarren. Länger andauernde chemische Verwitterung führt zu tiefen Kerben im Gestein, den Karren oder Schratten. Andere Anzeichen sind Dolinen und Einsturztrichter oder Schwundlöcher, in denen gelegentlich das Wasser eines Baches oder der Abfluß eines Sees einfach verschwinden. Im Jura finden wir schöne Beispiele beim Lac de Joux oder beim Étang de la Gruyère. Das Wasser läuft dann durch unterirdische Gänge oder sogar ganze Höhlensysteme – das berühmteste dieser Art in der Schweiz ist wohl das Hölloch im Muotatal. Irgendwo kommt es schließlich wieder zum Vorschein, und zwar nicht etwa als winzige Quelle, sondern gleich als richtiger Fluß, wie die Stromquelle der Orbe bei Vallorbe.
Die Bildung des oben erwähnten Kalktuffes oder der Tropfsteine, der herabhängenden Stalaktiten und der vom Boden her wachsenden Stalagmiten, ist chemisch gesehen die Umkehrung des Lösungsprozesses. Kohlendioxid entweicht z. B. beim Ablösen des Wassertropfens an einer Höhlendecke, so daß aus dem Kalziumhydrogenkarbonat der in Wasser unlösliche Kalk ausgeschieden und abgelagert wird. Oft färben dabei Mineralsalze die Tropfsteine wunderschön. – Alle die soeben kurz beschriebenen Phänomene faßt man als Karsterscheinungen zusammen.
Die Erosionsvorgänge unserer Tage sind vor allem für den Paläontologen eine große Hilfe. Neben all den anthropogenen Aufschlüssen

(Straßenbau, Steinbrüche, etc.) legt Erosion immer wieder interessante Schichten frei, die dem forschenden Menschen ständig neue Erkenntnisse bringen.
Mit dem Holozän (Alluvium) und den dazugehörigen Alluvionen ist das Kapitel Jura selbstverständlich keineswegs abgeschlossen. Daß dieses Gebiet, übrigens auch dasjenige der Alpen, noch nicht zur Ruhe gekommen ist, zeigen die in relativ regelmäßigen Abständen auftretenden Erdbeben. Geologisch gesehen, gestern war es, daß (1356) in Basel die Erde bebte und die Stadt zu einem Großteil zerstört wurde. Erst 1976 verbreiteten in Friaul Erdstöße Angst und Schrecken, und 1980 wurde wieder einmal die Region des oberen Rheintalgrabens durch ein Erdbeben mit Epizentrum bei Mülhausen heimgesucht.

4 Die Schichten des Schweizer Jura und ihre Fossilien

Bevor auf den eigentlichen Stoff dieses Kapitels eingegangen werden kann, muß kurz eine Problematik erwähnt werden, die in der gültigen Bezeichnung der einzelnen Schichtfolgen liegt. Neben der international gebräuchlichen Benennung der Stufen innerhalb der drei Jurazeiten Lias, Dogger und Malm stehen verschiedene Schichtbezeichnungen, die von der „Herkunft" der Autoren abhängig sind. So gliedert man in Süddeutschland die Stufen mit den ersten Buchstaben des griechischen Alphabets, während deutsch-schweizerische Autoren vor allem die Schichten im Aargau mit eigenen Namen versehen und in der Westschweiz wieder andere Benennungen verwendet werden. Will man den gesamten Schweizer Jura in einem Profil erfassen, benützt man oft eine Mischung von Schichtnamen aus der französischen Schweiz und aus dem deutschsprachigen Gebiet. Dies erleichtert natürlich eine Übersicht keineswegs. Wir haben daher versucht, durch eine Gegenüberstellung der regionalen Schichtbezeichnungen das Vergleichen zu erleichtern.

Und noch eine Bemerkung sei hier gemacht: Die exakte Bezeichnung gewisser Fossilien wird oft erschwert, weil die Nomenklatur älterer Werke überarbeitet ist und neuere Autoren die Arten, ja gelegentlich auch die Gattungen nicht einheitlich beurteilen und benennen.

Ein Beispiel: Der von Fraas mit *Ammonites ornatus* aufgeführte Ammonit wird in der Neuausgabe (Zweitregister) als *Spinikosmoceras spinosum* bezeichnet. In „Erdgeschichte in der Umgebung von Basel" (Veröffentlichungen aus dem Naturhistorischen Museum Basel) heißt er *Cosmoceras ornatum,* bei Beurlen, Gall und Schairer dann wieder *Kosmoceras ornatum* und steht als Art neben *Kosmoceras spinosum.* A. Jeannet verwendet den Namen *Kosmoceras* (oder *Cosmoceras) spinosum,* wobei er ausdrücklich erklärt, er gehöre zu *Spinikosmoceras* und sei lange Zeit bei jüngeren Exemplaren mit *ornatum* verwechselt worden. Jeannets Werk über Herznach ist 1951 erschienen.

Das Beispiel zeigt, welchen Schwierigkeiten der Sammler beim Bestimmen oft begegnet. Es ist daher ohne weiteres möglich, daß die in diesem Buch beschriebenen Fossilien in anderen Veröffentlichungen gelegentlich anders benannt sind, je nach der benützten Quelle. Autorennamen werden daher bewußt weggelassen, um Doppelspurigkeit zu vermeiden.

4.1 Die Vorjurazeit (Perm, Trias)

Das Gebiet des Schweizer Jura besteht sozusagen vollständig aus Schichten des Erdmittelalters. Nur in den nördlich gelegenen Gebieten des Schwarzwaldes und der Vogesen treffen wir auf die roten und grauen Sandsteine und Konglomerate des Rotliegenden, also oberste Sedimente der Permzeit, die am Ende des Erdaltertums abgelagert wurden. Sie gehen über in die Buntsandsteine der unteren Trias, die jedoch

äußerst fossilarm sind, da sich in jener Zeit eine Steppe ausbreitete. Der Einfluß des dann wieder vordringenden Meeres ist erst vor Beginn der Muschelkalkepoche feststellbar. Da im Gebiet des Schweizer Jura jedoch diese Schichten nur spärlich vorkommen, können wir sie bei unserer Betrachtung wohl übergehen.
Im Muschelkalk, dessen unterste Schichten offenbar Zeugen eines Wattenmeeres darstellen, sind *Plagiostoma lineata* und die Muscheln der Gattung *Myophoria* typisch. Darüber haben die Ablagerungen des mittleren Muschelkalkes die Salzlager zwischen Basel und Rheinfelden gebildet. Das sehr salzreiche Meer muß lebensfeindlich gewesen sein, denn die Schichten sind fossilleer. Erst der obere Hauptmuschelkalk ermöglicht auch im Gebiet des Schweizer Jura etwas reichere Fossilfunde. Sie zählen dennoch zu den Seltenheiten, da die Schichten nur an wenigen Stellen aufgeschlossen sind.
In den Trochitenkalken fallen Anhäufungen von Seelilienstielgliedern auf, die meist zu *Encrinus liliiformis* gehören. Reicher wird die Artenzahl in den jüngeren Muschelkalkschichten. *Ceratites nodosus* ist allerdings eher selten, aber glattschalige Armfüßer und die Muschel *Myophoria vulgaris* sind dem Sammler zugänglich. Gegen Ende der Periode wird die Fauna sehr artenarm. Relativ häufig ist *Trigonodus sandbergeri,* eine in Lagunen lebende Muschel.
Die Zeit des Keuper ist gekennzeichnet durch mehrfachen Wechsel von Meer und Land. Im allgemeinen scheint sumpfiges Küstenland vorgeherrscht zu haben, was durch die Pflanzenfossilien des Schilfsandsteines und der Lettenkohle belegt wird. Schachtelhalme, *Neocalamites* und Baumfarne sowie *Danaeopsis* stehen neben Pterophyllen, die den Cycas-Pflanzen nahekommen. 1976 wurden im Keuper von Frick, und zwar in den oberen Bunten Mergeln die Überreste von etwa sechs großen Sauriern gefunden und bis heute (1980) wenigstens zum Teil präpariert. Eine genauere Untersuchung ergab, daß es sich um *Plateosaurus quenstedti* handelt. Dieser Fund aus der Trias stellt zwar für den Paläontologen keine Sensation dar, da in Süddeutschland solche Saurier schon mehrfach entdeckt wurden, aber für den Bereich der Schweiz ist er eine Besonderheit.
Hier sei eine Anmerkung gestattet, die für den Gesamtbereich des Schweizer Jura Gültigkeit hat. Seine Fossilien können sich mit den Stükken aus Holzmaden (oberer Lias) oder Solnhofen (oberer Malm) kaum messen, da ihre einzigartigen Einbettungsverhältnisse im Schweizer Jura nirgends vorliegen. Zwar hat auch die Schweiz eine Fundstelle von Weltruhm: die triassischen bituminösen Gesteine des Monte San Giorgio im Tessin mit ihren Sauriern usw. Doch liegt die Fundstelle nicht im geographischen oder geologischen Bereich des Jura.

Fossilliste der Trias

Seelilien
Encrinus liliiformis

Muscheln
Plagiostoma lineata
Myophoria vulgaris und andere der gleichen Gattung
Trigonodus sandbergeri

Kopffüßer
Ceratites nodosus

Wirbeltiere
Plateosaurus quenstedti
Nothosaurus sp. (Zähne und Wirbel)

4.2 Jura

Der weitaus wichtigste und größte Teil des Schweizer Jura baut sich aus Gesteinen des Lias, Dogger und Malm auf. Dabei tritt der Untere oder Schwarze Jura gegenüber den jüngeren Schichten, was die Ausdehnung angeht, etwas zurück.

4.2.1 Lias oder Schwarzer Jura

Im Bereich des Schweizer Jura ist der Lias, bestehend aus sandigen Mergeln und kompakten Kalkbänken, nur an wenigen Stellen gut aufgeschlossen, da das Gestein kaum abgebaut wird. Dennoch lassen sich in den Schichten der Kalkbänke gute Funde machen. Kennzeichnend ist vor allem *Gryphaea arcuata,* die in den Arieten-Kalken des unteren Sinemurium oft massenhaft vorkommt. *Gryphaea* ist eine Auster mit gewölbter linker und flacher, als Dekkel ausgebildeter rechter Schale. Der Wirbel ist eingerollt. Findet man sie in Südwestdeutschland außerordentlich häufig, so ist sie im Bereich des Schweizer Jura jedoch eher selten, beschränkt vor allem auf die Randgebiete, Klettgau und Wutachgebiet. Daneben finden sich an Ammoniten vor allem Arieten, etwa *Coroniceras rotiforme, Arietites bucklandi,* der bis 60 cm Durchmesser erreicht, und *Arnioceras oppeli*.

Arieten sind bei Sammlern sehr begehrt. Kennzeichnend für sie sind ihre stark gerippten und extrem gekielten Gehäuse sowie ihre oft erhebliche Größe. Zur typischen Begleitfauna zählen die Feilenmuschel *Plagiostoma gigantea,* Brachiopoden wie *Spiriferina walcotti,* Arten der Gattung *Rhynchonella* und etwa *Terebratula ovatissima* oder *Zeilleria vicinalis*.

An Schnecken kommen *Pleurotomaria*-Arten wie *Pleurotomaria anglica* oder *P. polita* vor.

Erhebliche Bedeutung haben die Belemniten, die stellenweise ganze Bänke bilden. Zu erwähnen sind hier vor allem *Passaloteuthis paxillosus,* kräftige Belemnitenrostren mit rundem Querschnitt, die von Pliensbachium bis ins Toarcium vorkommen, *Dactyloteuthis irregularis* im Toarcium, ein kurzer, zylindrischer Belemnit mit gerundeter Spitze, *Brachybelus compressus,* ein kleinwüchsiger Belemnit, dessen Rostrum abgeflacht erscheint und dessen eher stumpfe Spitze gelegentlich keulenförmig ausgebildet ist.

Im oberen Pliensbachium kommt die Ammonitengattung *Amaltheus* mit *Amaltheus margaritatus* vor. Dieser mit deutlichem Zopfkiel versehene Ammonit zeigt einen hochovalen Windungsquerschnitt, der zum Zopfkiel eher spitz zuläuft. Die leicht sinusförmigen Rippen schwächen sich im äußeren Flankenviertel ab. Kennzeichnend für das untere Toarcium sind *Dactylioceras commune* in den Posidonienschiefern, ferner *Hildoceras bifrons,* ein Sichelrippenammonit, bei dem eine Furche die Rippen auf der Flanke unterbricht. Im oberen Toarcium treten *Lytoceras jurense* und *Pleydellia aalensis* sowie *Dumortieria moorei* auf. Während *Pleydellia aalensis* unregelmäßig sich gabelnde Rippen mit auf der Flankenmitte einsetzenden Schaltrippen zeigt, die, am Außenbug vorschwingend, dicht an den abgesetzten Kiel reichen, besitzt *Dumortieria moorei* sehr feine, am Außenburg vorschwingende, sinusförmige Rippen, die bis zum wenig abgesetzten Bug reichen.

Oben: *Arietites sp.,* unteres Sinemurium, Aubächle/Wutach; Durchmesser 6,5 cm.

Unten: *Dumortieria moorei,* Toarcium, Bourg-en-Bresse/Frankreich; Durchmesser 5,5 cm.

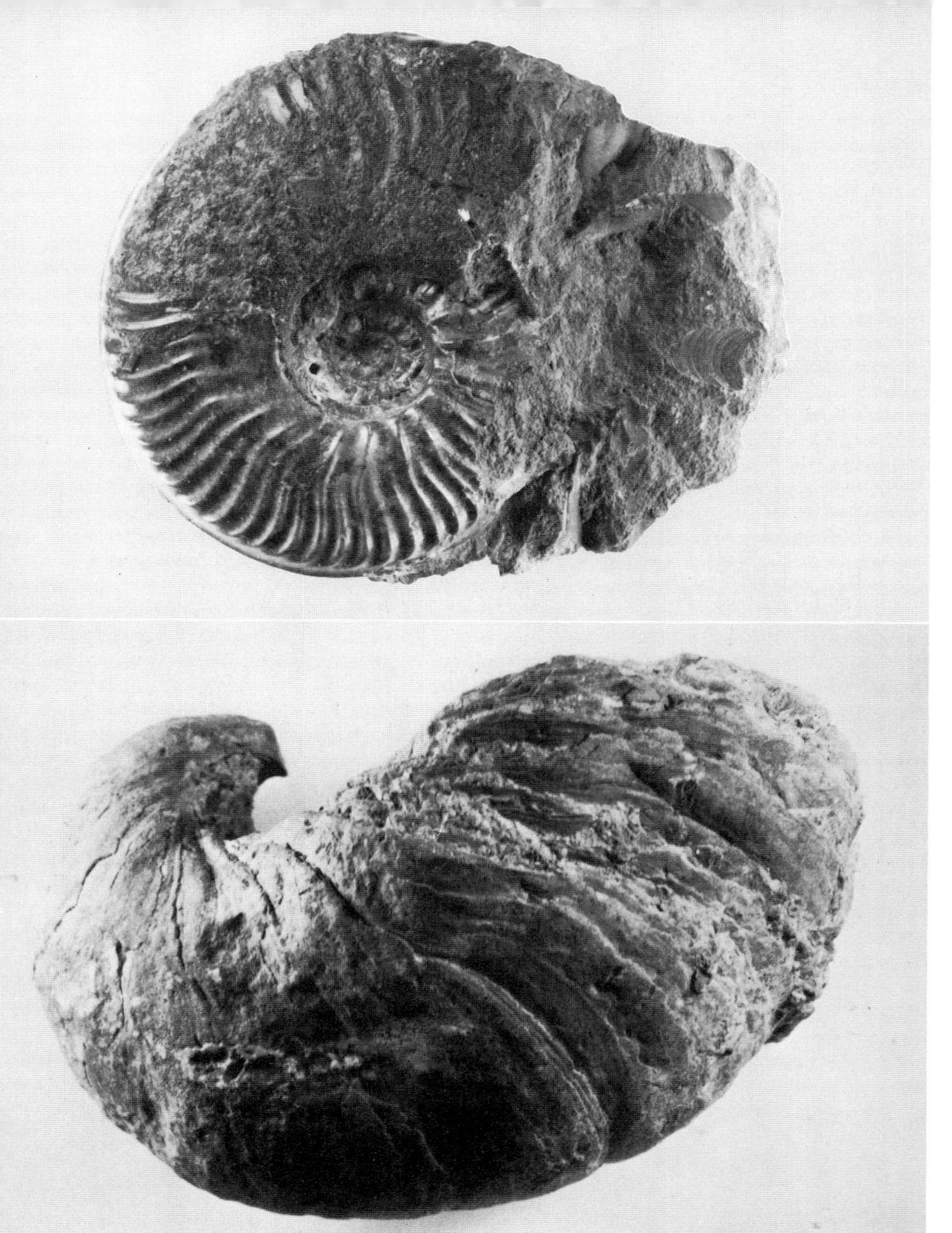

Seltener finden sich Stielglieder der Seelilie *Pentacrinites,* bisher meist als *Pentacrinus* bezeichnet.
In den Posidonienschiefern des oberen Lias sind die dünnschalige, scheibenförmige Muschel *„Posidonia“ bronni* und *Inoceramus dubius* oft die einzigen Fossilien. Sie waren offenbar extrem anpassungsfähig und daher auf dem schwarzen Schlick lebensfähig.
Das Liasmeer im Gebiet des heutigen Schweizer Jura muß relativ tief und dem Einfluß des Weltmeeres offen gewesen sein. Dafür sprechen die weit verbreiteten Ammonitenarten und die stark vertretenen Belemniten. Korallenriffe, die der Mittelmeerraum in dieser Zeit häufig aufweist, finden sich nicht. Daraus ist zu schließen, daß im Lias das Mittelmeer durch den Landrücken der Vindelizischen Schwelle von den nördlichen Meeren getrennt war.

Fossilliste des Unteren Jura der Schweiz

Seelilien
Pentacrinites

Muscheln
Gryphaea arcuata
Plagiostoma gigantea
„Posidonia“ bronni (Steinmannia)
Inoceramus dubius
Chlamys priscus
Plicatula spinosa

Oben: *Haugia latumbilicata,* Toarcium, Achdorf/Wutach; Durchmesser 8 cm.

Unten: *Gryphaea arcuata,* Sinemurium, Wutachtal; Länge 7 cm.

Schnecken
Pleurotomaria anglica
Pleurotomaria polita
Pleurotomaria expansa

Brachiopoden
Spiriferina walcotti
Rhynchonella rimosa
Zeilleria vicinalis
Terebratula ovatissima

Ammoniten
Coroniceras rotiforme
Arietites bucklandi
Arnioceras oppeli
Schlotheimia angulata
Psiloceras psilonotum
Dactylioceras commune
Prodactylioceras davoei
Uptonia jamesoni
Tragophylloceras ibex
Amaltheus margaritatus
Hildoceras bifrons
Lytoceras jurense
Pleydellia aalensis
Dumortieria moorei
Haugia latumbilicata

Belemniten
Passaloteuthis paxillosus
Dactyloteuthis irregularis
Brachybelus compressus

Zusammenfassend kann festgestellt werden, daß der Lias im Schweizer Jura eher geringe Bedeutung hat. Im wesentlichen sind es seine Randgebiete, zum Teil außerhalb der schweizerischen Landesgrenze liegend, die interessante Aufschlüsse bieten, wie etwa das Wutachtal mit dem Aubächle bei Aselfingen. Bei Frick sowie am Nordhang der Lägern (Ehrendin-

◀
Oben: Von links nach rechts: *Dactyloteuthis irregularis,* Toarcium, Aubächle/Wutach; Phragmocon von *Dactyloteuthis irregularis. Brachybelus compressus,* Domerium, Wutach; Phragmocon von *Brachybelus compressus. Passaloteuthis paxillosus,* Domerium, Pliensbachium, Aubächle/Wutach. Das größte Exemplar mißt 7 cm.

Unten: Oben: *Hibolites hastatus,* Oxfordium, Liesberg. Mitte: *Megateuthis giganteus,* Toarcium, Wutach. Unten: *Passaloteuthis paxillosus,* Pliensbachium, Aubächle/Wutach. Das größte Exemplar mißt 14,5 cm.

Oben links: *Hildoceras bifrons,* Toarcium, Staffelegg; Durchmesser 2,7 cm. ▲

Oben rechts: *Pleydellia aalensis,* Toarcium, Bourg-en-Bresse/Frankreich; Durchmesser des Ammoniten 3 cm.

Unten links und rechts: Verwitterter Ammonit aus dem Callovium von Anwil; Seitenansicht und Ansicht von oben. Das Stück zeigt von der Seite sehr schön die Kammerwandungen mit den randlichen Verfaltungen der Scheidewände. Von oben sieht man offene Kammern und in den inneren Windungen die Kammerwände (Septen).

gen), an der Staffelegg und am Weissenstein sind Fundstellen erschlossen, doch halten sie einen Vergleich etwa mit den Fundstellen auf der Schwäbischen Alb oder bei Bourg-en-Bresse in Frankreich nicht aus.

4.2.2 Dogger oder Brauner Jura

Der mittlere Abschnitt des Jura, der Dogger, beginnt mit den Opalinustonen, die nach dem Ammoniten *Leioceras opalinum* benannt sind. Diese dunklen, bis ca. 60 m mächtigen Tonablagerungen zeugen davon, daß im unteren Aalenium die Sedimentationsverhältnisse des oberen Lias fortbestanden: Die Ablagerungen erfolgten im tieferen Wasser des offenen Meeres. Neben dem erwähnten Leitfossil *L. opalinum,* das sich als engnabliger, fast diskusförmiger, mit sichelartigen Rippen versehener Ammonit darbietet, tritt *Pachylytoceras torulosum* auf. Seine Windungen haben runden Querschnitt; kennzeichnend sind die wulstförmigen Rippen.
Auffallend in den Opalinustonen des Aalenium sind also die Artenarmut und die Seltenheit des Auftretens der Fossilien.
Die relativ geringmächtigen oberen Schichten des unteren Dogger setzen sich aus Lagen von spätigen Kalken und Mergeln zusammen. Die Ammoniten mehren sich und erlauben eine Gliederung nach Ammonitenzonen, beginnend mit den *Murchisonae*-Schichten. Hier treten die Ludwigien auf. Diese, mit sichelförmigen Rippen ausgestattet, weisen eine ziemliche Vielfalt auf. Hier seien einige Arten kurz beschrieben:
Ludwigia murchisonae ist etwas engnablig, hochmündig und hat verhältnismäßig dicke Windungen mit abgeflachten Flanken. Der Mittelkiel ist glatt. Die geschwungenen Rippen sind kräftig und am Nabel gegabelt.
Ähnlich, jedoch mit weniger ausgeprägten Rippen, die dafür dichter stehen, zeigt sich *Ludwigia bradfordensis.* Die dickere *Ludwigia haugi* trägt grobe Rippen. *Staufenia staufensis,* ein hochmündiger und engnabliger Ammonit, hat einen deutlichen, ziemlich scharfen Kiel und ist fast glatt.
Staufenia sinon dagegen ist noch weitnablig, und die Berippung der inneren Windungen gleicht der von *Ludwigia murchisonae.*
Das obere Aalenium wird beschlossen durch die *Concava*-Schichten, so benannt nach dem Ammoniten *Graphoceras concavum,* der im Gebiet des Schweizer Jura jedoch sehr selten vorkommt.
An Muscheln finden sich in der *Murchisonae*-Zone des Aalenium *Pholadomya lirata* (Synonym *Pholadomya murchisoni),* eine dünnschalige, stark gewölbte Muschel, die mit wenigen knotigen Radialrippen ausgestattet ist, und die ihr ähnlichen *Pholadomya parcicosta* sowie *Pholadomya fidicula,* diese mit feineren Rippen.
Häufig sind auch Belemniten. Dagegen ist das Auftreten von Seelilien und Seeigeln unbedeutend. Zu nennen wären Stacheln von Cidariden wie etwa *Polycidaris spinulosa* und, noch seltener, *Rhabdocidaris horrida.* Die Primärstacheln von *Polycidaris spinulosa* wurden früher meist als *Rhabdocidaris horrida* bestimmt, doch unterscheiden sie sich von dieser durch eine geringere Körnung der Oberfläche und die schlankere Form. Findet man nur einzelne

Oben und unten: *Ludwigia* (Brasilia) *bradfordensis, Murchisonae*-Schichten, oberes Aalenium, Wutachtal; Durchmesser 23 cm. Vorder- und Rückseite, mit aufgebrochenen Kammern.

Stacheln, so ist die Bestimmung sehr schwierig. Dazu kommen Stielglieder der Seelilie *Chariocrinus cristagalli.* Sie zeigen auf den Gelenkflächen eine sehr schöne fünfstrahlige Sternform. In der anschließenden Zone treffen wir auf *Sonninia sowerbyi,* die der *Sowerbyi*-Schicht den Namen gab. Dieser für das unterste Bajocium typische Ammonit mit hochovalem Querschnitt ist relativ engnablig und besitzt einen ausgeprägten Hohlkiel sowie weitstehende Rippen, von denen etwa jede dritte mit einem Knoten versehen ist.

Als Leitfossil der *Humphriesi*-Schichten gilt *Stephanoceras humphriesianum,* ein weitnabliger, ziemlich dicker Ammonit mit scharfen, mehrfach gespaltenen Rippen, die auf der Flanke Knoten tragen. Von den Knoten gehen die über die Außenseite laufenden Rippen aus.

Teloceras blagdeni ist Leitfossil der folgenden *Blagdeni*-Schichten. Dieser Ammonit kann sehr groß werden, hat niedrige Windungen, die sich kaum umgreifen, ist aber eher hoch und hat einen tief versenkten Nabel. Die weit auseinanderstehenden Rippen enden in kräftigen Knoten auf der Flanke. Von ihnen gehen je drei feinere Rippen über die Außenseite.

Einen großen Teil des Bajocium und des darüber folgenden Bathonium bis ins Callovium nehmen die Bänke des Hauptrogensteins (Oolithe) ein. Diese Sedimente sind mehrfach durch mergelige Einschübe unterbrochen, die sogenannten *Meandrina*-Schichten, und unter dem oberen Hauptrogenstein durch die Homomyen-Mergel. Während der Hauptrogenstein fossilarm ist, enthalten die *Meandrina*-Schichten die spitze, dickschalige Schnecke *Nerinea basiliensis,* und die Homomyen-Mergel die Muschel *Homomya gibbosa.*

Im östlichen Teil des Schweizer Jura, wo der Hauptrogenstein mergeliger wird, ist der Ammonit *Parkinsonia parkinsoni* typisch. *Parkinsonia* im obersten Bajocium hat hochovale Windungen und ist eher weitnablig. Er wirkt flach. Seine nach vorn weisenden Rippen sind außen gegabelt. Die Außenseite ist gekennzeichnet durch eine Furche.

Ferner findet sich *Pentacrinites dargniesi,* eine buschig wirkende Seelilie mit kurzem Stiel und langen Zirren. Die Armglieder sind dornig. In einigen Gegenden, etwa bei Develier im neuen Kanton Jura und in der Gegend von Langenbruck (Basel-Land), bildet diese Seelilie ganze Bänke.

An Seeigeln kommt *Acrosalenia bradfordensis* vor, ein ziemlich großer, regulärer Seeigel, dessen Ambulakralzonen im Oberteil aus Primärplatten mit gleichförmigen Warzen bestehen. Am Ambitus (größter Durchmesser) sind Großplättchen mit größeren äußeren Warzen feststellbar. Die Primärstacheln sind sehr lang.

Weiter sei angeführt die Koralle *Thamnasteria terquemi,* auch *Thamnastrea* genannt. Es handelt sich um flach ausgebreitete oder pilzförmige Stöcke, bei denen die Septen der einzelnen Kelche zusammenfließen.

Den Übergang zum oberen Dogger über dem Hauptrogenstein bilden die *Varians*-Schichten, die nach *Rhynchonella varians* benannt sind. Dieser kleine Armfüßer, der in weiten Gebieten des deutsch-schweizerischen Jura sehr häufig ist – er wird in Basel mit dem Namen „Dübli" (Täubchen) bezeichnet –, heißt neuerdings *Rhynchonelloidella alemanica.* Daneben

Oben: Tongrube von Liesberg im Birstal. Ganz links im Bilde die *Macrocephalus*-Schichten, in der Bildmitte die *Renggeri*-Tone und rechts das Terrain à chailles.

Unten: Aufschiebung des Kettenjura auf den Tafeljura in Densbüren (Kanton Aargau).

kommt *Rhynchonella spinosa* vor, auch als *Acanthothyris spinosa* bekannt. Als weitere Brachiopoden sind zu erwähnen *Ornithella lagenalis* und *Wattonithyris württembergica*.
Die Muscheln sind etwa durch *Pinna lanceolata* und mehrere Austernarten vertreten.
An Seelilien kommen in den *Varians*-Schichten *Chariocrinus leuthardti* in einer begrenzten Bank bei Liestal vor und daneben *Isocrinus nicoleti,* eine große Art mit sternförmigem Stielquerschnitt und niedrigen Stielgliedern, die abwechselnd wulstförmig vortreten oder zurückweichen. Vollständige Exemplare sind in der Schweiz selten.
Erwähnt werden soll auch der reguläre Seeigel *Hemicidaris meandrina,* von dem hauptsächlich die keulenförmigen Primärstacheln gefunden werden. Im westlichen Jura, d. h. in der rauracischen Fazies des oberen Bathonium, sind nicht selten *Acrosalenia spinosa,* ein regulärer kleiner, und *Clypeus plotii,* ein irregulärer, fast runder Seeigel mit tiefer, schmaler Furche vom Scheitel bis zum hinteren Rand, in der sich die Afteröffnung befindet. Sehr häufig trifft man auf den Seeigel *Holectypus depressus,* ein runder, abgeflachter, irregulärer Typ, bei dem die Warzenhöfe auf der Unterseite deutlich hervortreten. Die Afteröffnung ist ziemlich groß und liegt unter dem Rand. *Holectypus depressus* kommt bis in den unteren Malm vor. Ebenfalls im Bereich der *Varians*-Schichten steht *Nucleolites clunicularis*. Er hat länglich-ovale Form. Die Afteröffnung liegt in einer ziemlich tiefen Furche, die sich vom Rand bis zum Scheitel zieht. Dieser Seeigel ist auch unter der Bezeichnung *Echinobrissus clunicularis* bekannt. *Nucleolites hugi* findet sich ebenfalls in den *Varians*-Schichten. Er ist fast kreisrund. Seine Afteröffnung liegt am Rand, und er weist keine Furche auf. Die Ambulakralfelder sind bei ihm etwas mehr verbreitert als bei *Nucleolites clunicularis*.
Zu erwähnen ist hier auch der Belemnit *Belemnopsis canaliculata,* der ebenfalls am Übergang zum Callovium vorkommt.
Der untere Bereich des Callovium, die Macrocephaliten-Schichten, sind charakterisiert durch das Auftreten der Macrocephalen, die jeden Sammler erfreuen. Hauptvertreter ist *Macrocephalites macrocephalus*. Er stellt sich als ziemlich dicker Ammonit mit engem Nabel, hochovalem Windungsquerschnitt und ausgeprägten, gegabelten Rippen dar, die ohne Kiel oder Furche über den breiten Außenrücken ziehen. Macrocephaliten haben eine ziemliche Artenvielfalt, die von relativ flachen bis zu fast kugeligen Formen reicht, wobei die Berippung von oft feinen bis zu scharf ausgeprägten, groben Formen variiert. So ist *Macrocephalites compressus* eher kleinwüchsig und verhältnismäßig flach, geziert mit dichtgestellten, feinen Rippen, während *Macrocephalites dolius* dikker erscheint und mit kräftigeren Rippen ausgestattet ist. Fast kugelig und kräftig berippt, steht *Macrocephalites tumidus* am Ende dieser Reihe.
In der Umgebung der Macrocephaliten findet man meist auch Vertreter der Perisphincten, so etwa *Homoeoplanulites funatus*. Er ist weitnabelig mit hochovalem Windungsquerschnitt und trägt Gabelrippen, die über den abgerundeten Rücken ziehen.
Es folgen die *Anceps-Athleta*-Schichten des mittleren Callovium und darüber die *Lamberti*-Schichten, die den Dogger abschließen. Das

Oben: Zum Trocknen aufgestapelte Torfziegel.

Unten: Vallée de La Sagne et des Ponts. Blick in Richtung Nordosten. Im Vordergrund ein im Abbau begriffenes Moor.

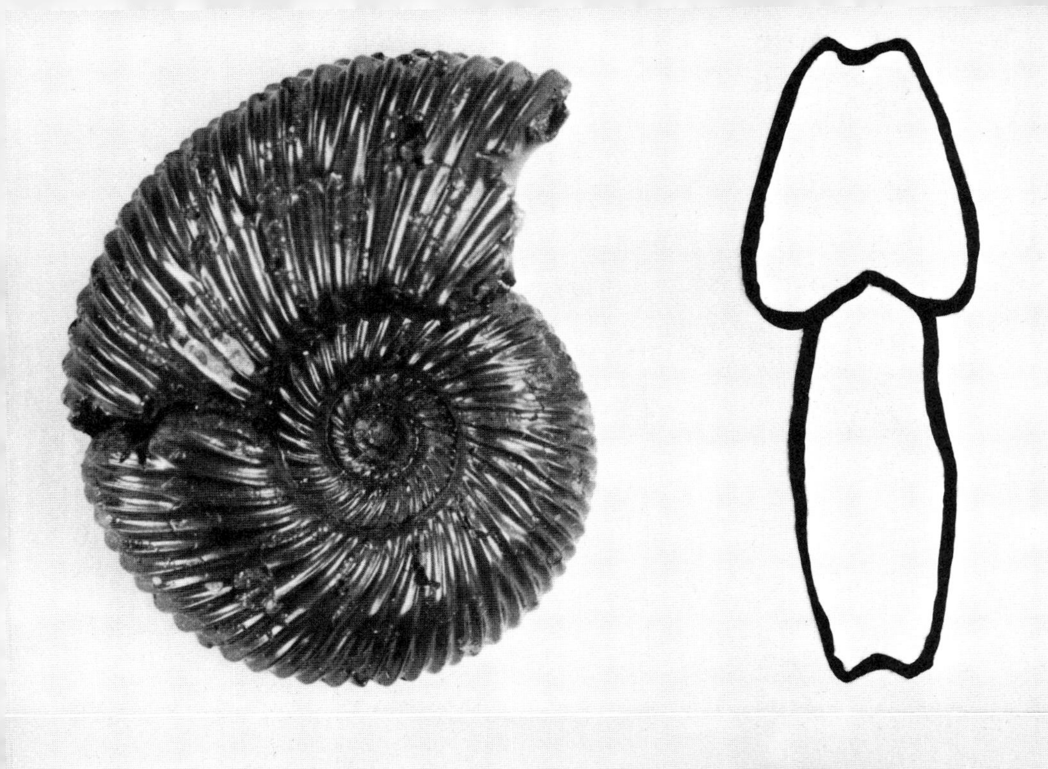

▲ **Oben links:** *Isocrinus sp.*, *Varians*-Schichten, Liesberg. Stielplättchen; Durchmesser 0,7 cm.

◀ **Oben:** *Parkinsonia württembergica,* Bajocium, Blumberg; Durchmesser 2,6 cm.

Unten: *Pleurotomaria elongata,* Bajocium, Liesberg; Höhe 1,5 cm.

Oben rechts: *Pentacrinites dargniesi,* oberer Hauptrogenstein, Develier; Breite der Platte 13 cm. ▲

Unten links: *Pleurotomaria granulata,* Bathonium, Liesberg; Durchmesser 2,7 cm.

Unten rechts: *Lopha marshi, Callovium, Ehrendingen;* Größte Breite 8,5 cm.

Leitfossil ist *Reineckeia anceps,* ein dicker, ziemlich weitnabliger Ammonit mit querovalem Windungsquerschnitt, scharfen, auf den Flanken zu Knoten verdichteten Rippen, die sich am Knoten gabeln und zu einer schwachen Außenfurche führen. Zusammen mit *Reinekkeia* kommt *Peltoceras athleta* vor, dazu *Peltoceras reversum.* Weitnablig, mit rundem Windungsquerschnitt und scharfen, weit auseinanderstehenden Rippen, die außen meist gegabelt sind und über den Rücken laufen, sind sie zierliche Vertreter der Ammoniten. Bei *Peltoceras athleta* ist die Gabelstelle zu Knoten verdickt. *Peltoceras reversum* hat etwas dichter stehende Rippen, die keine Knoten aufweisen und gelegentlich ohne Gabelung – etwa jede vierte Rippe – durchführen.

Sphaeroceras brongniarti zeigt fast kugelige Form. Der Windungsquerschnitt ist flachoval, die Innenwindungen sind vollständig umschlossen. Die Berippung ist fast nur angedeutet und umlaufend. Der Ammonit ist ausgesprochen selten.

Von Bedeutung ist der ziemlich große, massige Ammonit *Erymnoceras coronatum,* mäßig weitnablig, mit starken, breitstehenden Rippen, die auf der steilen Flanke Knoten bilden und sich dann zwei- bis dreifach gabeln. Der Rücken ist gerundet.

Zu den Perisphincten gehört die häufige *Grossouvria convoluta.* Sie hat einen runden Windungsquerschnitt, gegabelte Rippen, die auch über den Rücken ziehen, ohne durch Kiel oder Furche unterbrochen zu werden.

Die Kosmoceraten sind vertreten durch den besonders schönen *Kosmoceras ornatum,* der gewölbte Flanken hat. Die weitstehenden Rippen sind auf der Flanke durch starke Knoten geziert, von denen schwache Gabelrippen zu weiteren Knoten auf der Außenseite führen. Dadurch wirkt der Windungsquerschnitt eckig. Teilweise, wie etwa am abgebildeten Stück, verschwinden die Rippen auch vollständig.

Besonders interessant erscheint *Oxycerites aspidoides,* aus Herznach in nur wenigen, kleinen Exemplaren bekannt, in verhältnismäßig großen Stücken, wenn auch selten, in der Gegend von Anwil gefunden. Zu den Oppelien gehörend, hat er diskusähnliche Form. Er ist sehr engnablig und besitzt eine fast glatte Schale. Die Flanken führen zu einem scharfen Außenbug, der keinen eigentlichen Kiel zeigt. Mit *Oxycerites aspidoides* tritt *Oppelia fallax* auf, eine Form, die ebenfalls engnablig, aber gegen außen etwas dicker erscheint, wobei sich ein schwacher Kiel absetzt. Die Flanken sind mit schwach wellenförmigen, weitstehenden und oft nur angedeuteten Rippen besetzt. Die Bestimmung ist etwas unsicher.

Der weitnablige, flache und kleine *Hecticoceras hecticum* hat einen ovalen Windungsquerschnitt mit einem mehr oder weniger deutlichen Kiel. Die Rippen verlaufen bis zur Flankenmitte in Richtung der Mündung und biegen dann nach hinten um, wobei Schaltrippen auftreten.

Oben links: *Homoeoplanulites balinensis,* Callovium, Anwil; Durchmesser 6 cm.

Oben rechts: *Homoeoplanulites funatus,* Oxfordium, Herznach; Durchmesser 12 cm.

Mitte links: *Sphaeroceras brongniarti,* oberer Dogger, Blumberg; Durchmesser 3,5 cm, Höhe 3,8 cm.

Mitte rechts: *Grossouvria convoluta,* Callovium, Herznach; Durchmesser 3,5 cm.

Unten links: *Macrocephalites macrocephalus,* Callovium, Herznach; Durchmesser 22 cm.

Unten rechts: *Erymnoceras coronatum,* Callovium, Herznach; Durchmesser ca. 15 cm.

Oben links: *Kosmoceras ornatum,* Callovium, Blumberg; Durchmesser 2,2 cm.

Oben rechts: *Oppelia fallax,* Bathonium, Anwil; Durchmesser 5 cm.

Unten links: *Nerinea sp.,* Callovium, Liesberg; Länge 2,3 cm.

Unten rechts: *Nucleolites clunicularis, Varians*-Schichten, Liesberg; Durchmesser 2,8 cm.

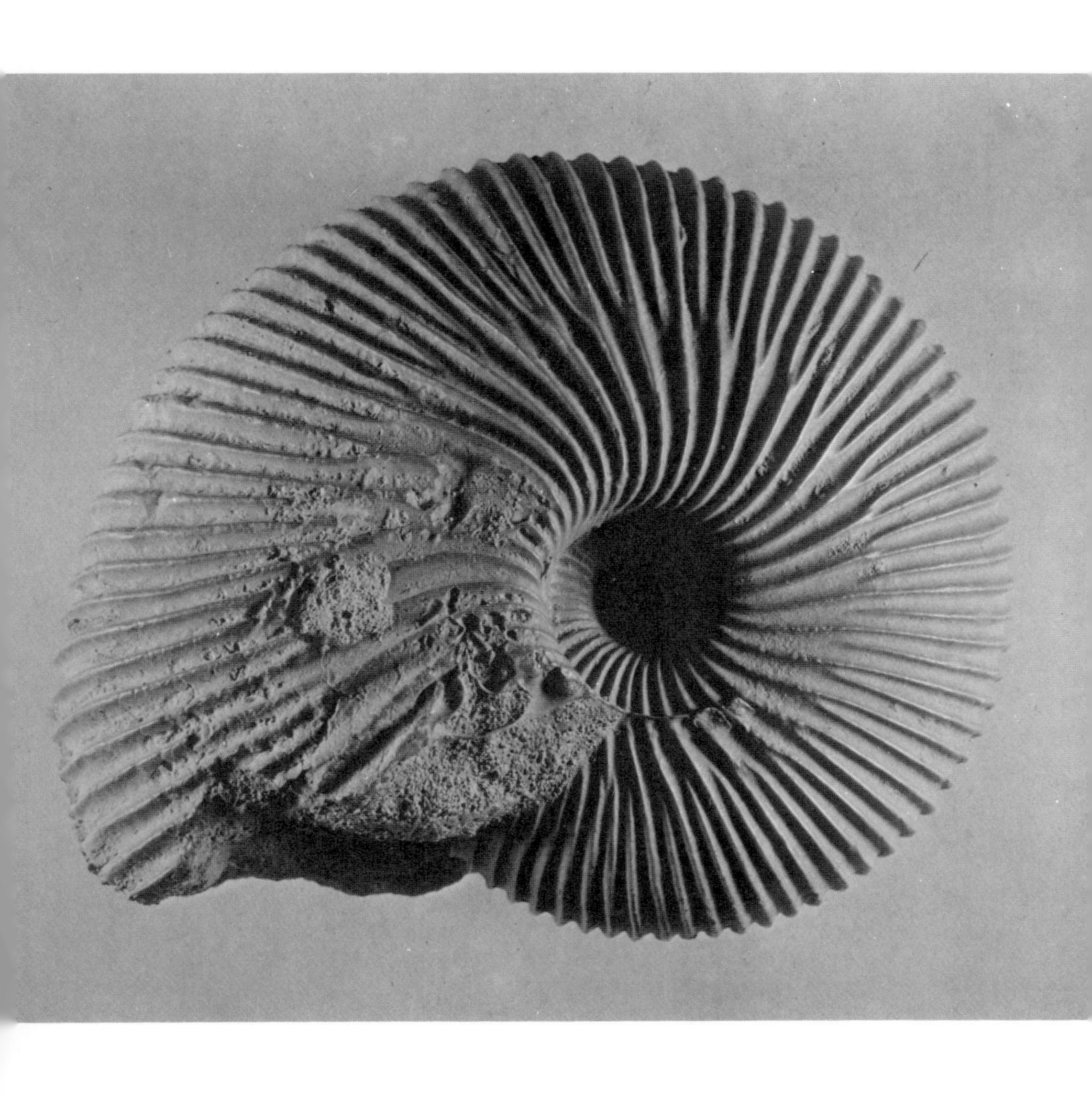

Macrocephalites dolius, Callovium, Anwil; Durchmesser 9,5 cm. Das abgebildete Exemplar zeigt Schalenerhaltung.

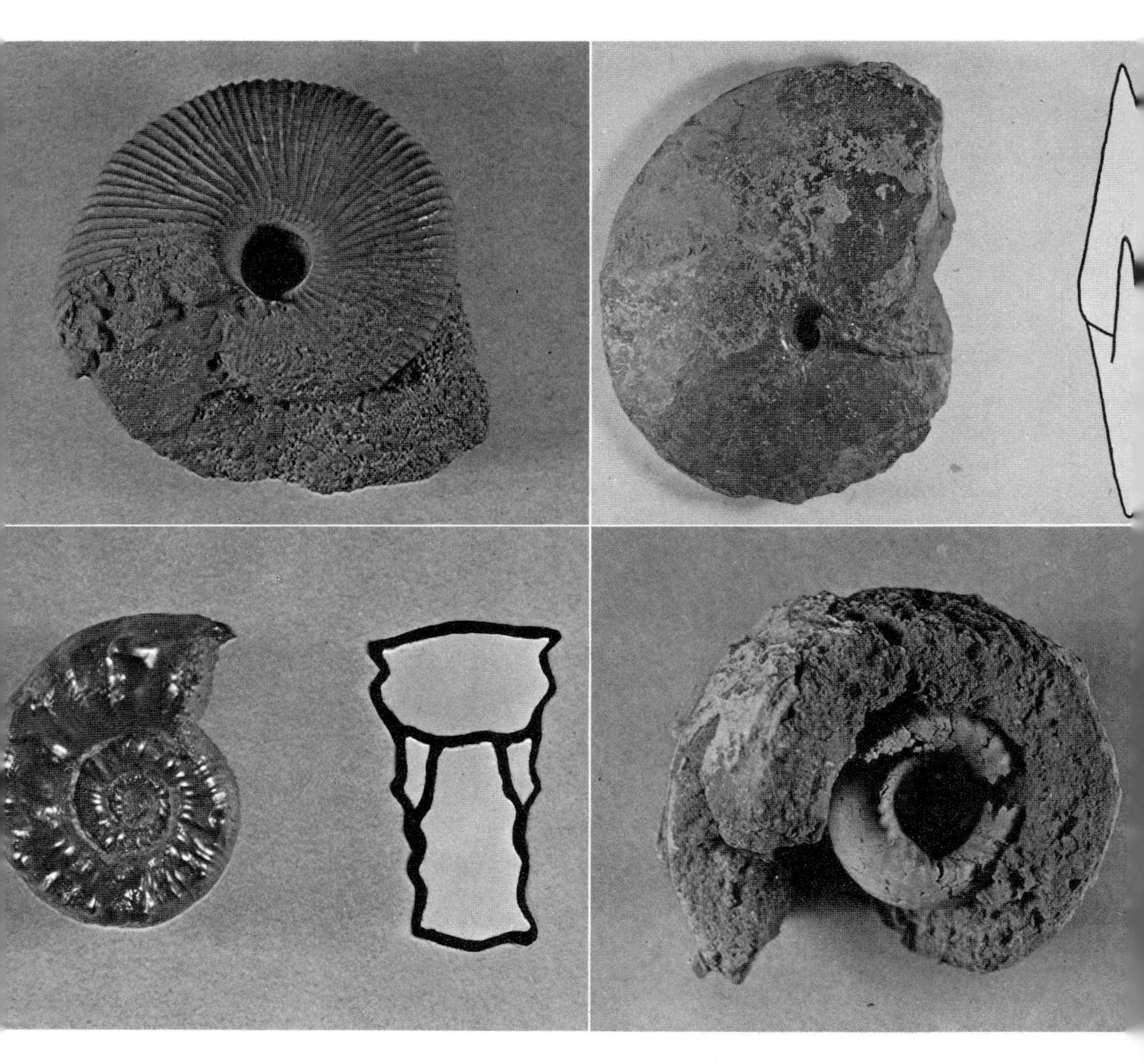

Oben links: *Macrocephalites compressus,* Callovium, Anwil; Durchmesser 3,6 cm.

Oben rechts: *Oxycerites aspidoides,* Callovium, Anwil; Durchmesser 16 cm.

Unten links: *Euaspidoceras sp.,* Callovium, Oxfordium, Liesberg; Durchmesser 2 cm.

Unten rechts: *Teloceras multicostatum,* Bajocium, *Blagdeni*-Schichten, Liesberg; Durchmesser 2,2 cm, Höhe 2,3 cm.

Da sowohl die Berippung von kräftig bis schwach variiert als auch weit- und engnablige Formen vorkommen, ist die Bestimmung oft unsicher. Das hat gelegentlich zur Abtrennung besonderer Arten geführt.
In den obersten Lagen des Callovium schließlich treffen wir auf einen sehr charakteristischen Ammoniten der Gattung *Euaspidoceras* mit querovalem Windungsquerschnitt und mäßig weitem Nabel. Weitstehende Rippen, die auf der Flanke etwa bei jeder dritten oder vierten Rippe stachelartige Knoten bilden, führen zu der breiten, abgeflachten Außenseite, über die sie, nur noch schwach ausgebildet, hinwegführen.
Die Nautiliden, die in allen Schichten des Jura gelegentlich vorkommen, sollen hier mit dem schönen, ziemlich großen *Nautilus baderi* vorgestellt werden. Er hat einen schön gerundeten Windungsquerschnitt.
Neben den Ammoniten treten die anderen Fossilien eher zurück. An Muscheln fallen auf die sehr begehrten Trigonien, wie *Trigonia costata*. Sie ist länglich-dreieckig. Der scharfe Kamm trägt feine Schuppen. Die konzentrischen Rippen enden vor dem Kamm an einer Rille. Die Area ist radial gestreift und zeigt zwei deutliche Rippen. Leider hat die Jagd nach diesen außerordentlich schönen Muscheln dazu geführt, daß im Mönthal ein absolutes Grabungsverbot verhängt wurde.
Lopha marshi, die Hahnenkammuschel, gehört zu den Austern. Die Schale ist stark gewellt, die Wellenkämme erscheinen scharf, der Schalenrand wird zickzackförmig.
Von den Gastropoden ist die kleine *Turbo meriani* aus den *Macrocephalus*-Schichten zu erwähnen.

Fossilliste des Dogger im Schweizer Jura

Korallen
Thamnasteria terquemi

Seelilien
Chariocrinus cristagalli
Chariocrinus leuthardti
Chariocrinus andreae
Pentacrinites dargniesi
Isocrinus nicoleti

Seeigel
Polycidaris spinulosa
Rhabdocidaris horrida
Acrosalenia bradfordensis
Acrosalenia spinosa
Hemicidaris meandrina
Clypeus plotii
Holectypus depressus
Nucleolites clunicularis
Nucleolites hugi

Muscheln
Pholadomya lirata
Pholadomya parcicosta
Pholadomya fidicula
Homomya gibbosa
Pinna lanceolata
Ostrea costata
Ostrea acuminata
Trigonia costata
Trigonia striata
Trigonia clavellata
Lopha marshi

Schnecken
Nerinea basiliensis
Turbo meriani
Pleurotomaria elongata
Pleurotomaria granulata

Armfüßer
Rhynchonelloidella alemanica, Syn. *„Rhynchonella varians"*
Acanthothyris spinosa
Ornithella lagenalis
Wattonithyris württembergica

Nautiliden
Nautilus baderi
Nautilus lineatus

Ammoniten
Leioceras opalinum
Pachylytoceras torulosum
Ludwigia murchisonae
Ludwigia (Brasilia) bradfordensis
Ludwigia haugi
Staufenia staufensis
Staufenia sinon
Graphoceras concavum
Sonninia sowerbyi
Stephanoceras humphriesianum
Teloceras blagdeni und *multicostatum*
Parkinsonia parkinsoni
Parkinsonia württembergica
Macrocephalites macrocephalus
Macrocephalites (Dolicephalites) dolius
Macrocephalites compressus
Macrocephalites tumidus
Homoeoplanulites funatus und *balinensis*
Reineckeia anceps
Peltoceras athleta
Peltoceras reversum
Sphaeroceras brongniarti
Erymnoceras coronatum
Grossouvria convoluta
Kosmoceras ornatum
Oxycerites aspidoides
Oppelia fallax
Hecticoceras hecticum
Hecticoceras balinense
Euaspidoceras sp.
Cadoceras sublaeve

Belemniten
Hibolites calloviensis
Megateuthis giganteus
Homaloteuthis spinatus
Belemnopsis canaliculata

Die Liste zeigt, daß im Gebiet des Schweizer Jura die Schichten des Dogger an Zahl und Vielfalt der Fossilien dem Sammler bedeutend mehr zu bieten haben als die des Lias. Das gilt z. B. besonders für das Bergwerk Herznach, das im unteren Malm allerdings noch reichhaltigere Fundmöglichkeiten bot. Wenn diese Fundstelle heute nur noch sehr eingeschränkt (Abraumhalde) ausgebeutet werden kann, so sind doch in der Umgebung, im weiteren Gebiet des Fricktales, immer wieder neue Aufschlüsse zu erwarten. Aber auch im übrigen Aargau und in Basel-Land kann der aufmerksame Sammler da und dort die Doggerschichten aufspüren und gute Funde machen.

4.2.3 Malm oder Weißer Jura

Die vorangegangenen Abschnitte haben gezeigt, daß das Gebiet des Schweizer Jura nur sehr wenig vorjurassische Aufschlüsse bietet und daß auch der Lias, anders als im Schwäbischen Jura oder in Südfrankreich, den Cevennen und Causses, fast nur in den Randzonen von einiger Bedeutung ist. Für den Sammler sind erst die Formationen des Dogger wirklich ergiebig: die Vielfalt der Fossilien wird größer, und auch die Fundstellen mehren sich.
In der Übergangszeit vom Mittleren zum Oberen Jura, also im unteren Oxfordium, setzen sich nun zunächst die Schichtfolgen des Callovium mit Tonen und Mergeln fort. Das Meer

Oben links: *Nautilus baderi,* Dogger, Ehrendingen; Durchmesser ca. 15 cm.

Oben rechts: *Pleurotomaria sp.* Callovium, Anwil; Höhe 2,8 cm.

Unten links: *Trigonia costata,* Callovium, Anwil; Höhe 4,2 cm.

Unten rechts: *Pentacrinites dargniesi,* oberer Hauptrogenstein, Develier; Breite der Platte 13 cm.

war zur Ablagerungszeit nach Süden und Westen offen. Im Osten, etwa im Fricktal, kommt es erneut zur Bildung meist eisenhaltiger Rogensteine (Oolithe), während weiter westlich die dunklen *Renggeri*-Tone vorherrschen.

Von nun an unterscheiden wir deutlich verschiedene Fazies im östlichen, aargauischen, und im westlich anschließenden, Berner oder, neuerdings besser, jurassischen Teil. Diese Verschiedenheit führt naturgemäß zu noch größerer Vielfalt der Fossilien im Malm.

Zunächst herrschen in beiden Regionen noch die Ammoniten vor, doch das Bild ändert sich bald. Die Cordaten-Zone im aargauischen Jura, gut zu beobachten im Fricktal, enthält in erster Linie den sehr schönen Ammoniten *Cardioceras cordatum,* der zusammen mit *Quenstedtoceras lamberti* die Grenze zwischen Dogger und Malm andeutet. *Cardioceras cordatum* hat ziemlich breitgestellte, scharfe Rippen, die gegen die Außenseite nach vorn abbiegen und sich gabeln. Sie enden in einem scharfen, gezackten Kiel. Der Ammonit ist eher weitnablig und ziemlich flach. *Quenstedtoceras lamberti* hat eine scharfe Außenseite, über die sich die Rippen ziehen, ohne einen eigentlichen Kiel zu bilden. *Quenstedtoceras* ist etwas dicker als *C. cordatum.*

In den Schichten des unteren Oxfordium von Herznach stellen wir eine ganze Anzahl von verschiedenen Cardioceraten fest, die teilweise schwer bestimmbar sind. Zu ihnen gehört auch der kleine *Amoeboceras alternans,* ein ziemlich engnabliger, hochmündiger Ammonit, dessen Außenseite sich von der Flanke absetzt. Dadurch erscheint der Windungsquerschnitt hoch-rechteckig. Besonders auffällig ist *Cardioceras (Subvertebriceras) densiplicatum.* Er hat einen fast quadratischen Windungsquerschnitt und ist grob berippt, wobei die Rippen gegen den äußeren Flankenrand knotenartig hervortreten, sich sodann spalten und, nach vorn abbiegend, einen zackigen Kiel bilden.

Ein weiterer Vertreter von *Cardioceras* ist der sehr schöne *Cardioceras stella,* der auch in der Gegend von Pontarlier im französischen Grenzbereich zu finden ist. Dieser Ammonit mit querovalem Windungsquerschnitt trägt weitgestellte Rippen, die sich auf der Flanke dreifach gabeln und, nach vorn abbiegend, kielartig über den Außenbug führen.

Die Cordaten-Schichten sind weiter gekennzeichnet durch die auffälligen Aspidoceraten. Unter diesen ist *Euaspidoceras perarmatum* wohl der hervorstechendste. Es handelt sich um einen ziemlich groß werdenden, relativ weitnabligen Ammoniten mit dickem, fast quadratischem Windungsquerschnitt. Einfache, sehr weitstehende Rippen, die oft nur als wellenförmige Erhebungen angedeutet sind, führen über die Flanken. Sie tragen am Nabelrand und vor allem am Außenrand sehr kräftige Knoten, die bei einzelnen Exemplaren zu dornartigen Stacheln entwickelt sind. Der Außenrücken ist beinahe glatt und kiellos.

Oben links: *Taramelliceras costatum,* Oxfordium, *Renggeri*-Tone, Liesberg; Durchmesser 2,2 cm.

Oben rechts: *Nucula subspirata,* Callovium, Oxfordium, Liesberg; Größte Länge 1 cm.

Mitte links: *Cardioceras (Subvertebriceras) densiplicatum,* Oxfordium, Herznach; Durchmesser 4,2 cm.

Mitte rechts: *Perisphinctes sp.,* Oxfordium, Herznach; Durchmesser 3,5 cm.

Unten links: *Laevaptychus,* Oxfordium, Effinger-Schichten, Mellikon; Länge 5,5 cm.

Unten rechts: *Rasenia fascigera,* Malm, Mellikon; Durchmesser 3 cm.

Die individuelle Vielfalt der Aspidoceraten in Herznach läßt die Ableitung weiterer Arten und Unterarten zu, ohne jedoch voll zu überzeugen. Das auf der Tafel gezeigte Stück z. B. ist gekennzeichnet durch sehr schwache Rippenbildung. Dafür treten am Nabelrand starke Knoten hervor. Der äußere Flankenrand ist mit dornartigen Stacheln besetzt. Das zweite abgebildete Exemplar zeigt am Nabelrand lediglich schwache, kommaförmige Knoten und auf dem Außenrand Stacheln. Es ist zudem etwas flacher.

Ein Ammonit mit ovalem Windungsquerschnitt, bei dem die größte Dicke nahe dem Nabelrand liegt, ist der den Hecticoceraten verwandte *Orbignyceras pseudopunctatum.* Typisch für ihn sind folgende Merkmale: Vom Nabelrand verlaufen gut ausgeprägte Rippen zunächst nach vorn. In etwa zwei Fünfteln der Flanke vergrößern sie sich fast keulenförmig, bilden jedoch keine Knoten, biegen sodann deutlich nach hinten, verstärken sich nun, bilden Nebenrippen und drehen wieder nach vorn. Gegen den Siphonalkiel hin verschwinden sie. Der Kiel selbst ist deutlich, tritt aber nur wenig hervor. Die abgeschwächten Rippen bilden ihrerseits schwache Nebenkiele, so daß die Außenseite dreigeteilt erscheint. *Orbignyceras* tritt vom Callovium bis zum mittleren Oxfordium auf.

In den Birmenstorfer Schichten des Oxfordium ist *Ochetoceras canaliculatum,* ein engnabliger, flacher Ammonit mit ziemlich scharfem Kiel, recht häufig. Die flachen Rippen sind auf dem inneren Teil der Flanke nach vorn geneigt und weisen dann einen deutlich eingesenkten Knick auf, der in der Mitte der Flanke wie ein Kanal verläuft. Auf der äußeren Flankenhälfte weisen die Rippenbögen nach hinten. Ganz ähnlich sieht *Ochetoceras hispidum* aus. Bei ihm sind die Rippen jedoch kräftiger, und die Spiralfurche auf der Flanke ist wesentlich tiefer und breiter als bei *Ochetoceras canaliculatum.* Ebenfalls in die Birmenstorfer Schichten gehört die Gattung *Streblites,* die die häufigsten Ammoniten-Vertreter dieser Formation stellt. *Streblites tenuilobatus,* eine kleine, engnablige, diskusförmige Art mit nur angedeuteter Berippung, ist oft massenhaft zu finden. Weil unscheinbar, wird er allerdings nicht sehr geschätzt. Ihm ähnlich sieht *Trimarginites arolicus,* ebenfalls flach, engnablig und mit glatter Schale.

Nicht selten sind in diesen Schichten die Perisphincten, von denen *Orthosphinctes colubrinus* hervorzuheben ist. Er hat rundlichen Windungsquerschnitt, ist mäßig weitnablig und trägt kräftige, auf der Außenseite gegabelte Rippen, die sich leicht nach vorn neigen. Ihm sehr ähnlich präsentiert sich *Progeronia triplex,* bei dem die Rippen jedoch radial verlaufen. Als weiterer Vertreter ist erwähnenswert *Orthosphinctes laufenensis,* der bis in die Badener Schichten vorkommt.

Relativ selten tritt auf *Physodoceras circumspinosum,* ein dicker, rippenloser Ammonit mit rundem Windungsquerschnitt. Er ist eher engnablig und trägt am Nabelrand eine Knotenreihe. Er gehört zu den Aspidoceraten. Im Gegensatz zu ihm besitzt *Physodoceras bispinosum* auf der Flanke eine zweite, unregelmäßige Knotenreihe, ist ihm jedoch sonst außerordentlich ähnlich.

Rasenia fascigera ist ziemlich dick, wobei der größte Durchmesser an der Nabelkante er-

Oben: *Euaspidoceras perarmatum,* Oxfordium, Herznach; Durchmesser 5,8 cm.

Unten: *Euaspidoceras perarmatum* mit besonders ausgeprägten Stacheln; Durchmesser 11 cm.

reicht wird. Seine Rippen erscheinen an der Nabelkante als schmale, längliche Knoten. In der Flankenmitte teilen sie sich in drei Teilrippen, wobei jeweils noch eine Zwischenrippe entsteht. Diese Teilrippen sind dichtgestellt und ziehen sich über die gerundete Außenseite. Als Begleitfauna zu den Ammoniten der unteren Malmschichten im östlichen Teil des Jura treten vor allem Belemniten auf. Unter ihnen herrscht *Hibolites hastatus* eindeutig vor. Kennzeichnend für ihn ist, daß das schlanke Rostrum gegen das Alveolenende hin dünner wird, während eine starke Längsfurche sich gegen das Rostrenende hin abschwächt, um sich im hintersten Teil ganz zu verlieren. Im ganzen ist dieser Belemnit schlank, wobei allerdings die Variationsbreite ziemlich groß ist. *Hibolites semihastatus,* wesentlich dicker, zeigt eine doppelte Seitenlinie. Die Ventralfurche erstreckt sich weiter gegen das Rostrenende als bei *Hibolites hastatus*. Es wurden noch weitere Formen von Belemniten gefunden, die jedoch nur schwer einzuordnen sind und deren Bestimmung unsicher ist.

Die Birmenstorfer Schichten bergen eine ganze Anzahl verschiedener Schwämme. Für viele Sammler sind diese Fossilien eher uninteressant, da sie einerseits, trotz sehr variabler Formen, nicht sehr attraktiv, andererseits nicht leicht zu bestimmen sind. Dennoch stellen sie wichtige Vertreter der Fauna dar und formen gelegentlich sogenannte Schwammstotzen. Hier sollen genannt werden *Sporadopyle obliqua,* ein kleiner, becherförmiger Schwamm, der vor allem im Gebiet des Randens häufig ist; *Cnemidiastrum rimulosum,* flach, schüsselförmig; *Pachyteichisma lopas*.

Korallen fehlen in der aargauischen Fazies dieser Schichten fast vollständig. An Brachiopoden sind zu erwähnen *Terebratula bisuffarcinata,* die nun *Loboidothyris zieteni* heißt. Es handelt sich dabei um eine ziemlich große, stark gewölbte, glatte, in der Form länglich-ovale Art, die am Schalenrand eine schwache Wellung aufweist. Die zierlich kleine *Trigonellina loricata* trägt sechs deutlich hervortretende, radial verlaufende Kanten und zudem konzentrische Streifung.

Wie schon erwähnt, fehlen im Argovium die Korallenriffe praktisch vollständig, da, im Gegensatz zum westlich davon liegenden Rauracium, das Meer hier tiefer war. Damit boten sich auch für die Echinodermen schlechtere Lebensbedingungen: sie treten wesentlich seltener auf als im Westen. Immerhin enthalten die Aargauer Schichten (Birmenstorfer, Effinger und schließlich Badener Schichten) etwa bei Mellikon die sehr zierliche *Eugeniacrinites cariophyllites,* auch bekannt unter den Bezeichnungen *Eugeniacrinus caryophyllatus* und *Eugeniacrinus quenstedti*. Die Stielglieder sind lang, zylindrisch, mit wenigen Radialleisten auf der Gelenkfläche. Der ausgeprägt fünfstrahlig-sternförmige Kelch hat einen Durchmesser von höchstens 5 mm.

Oben links: *Cardioceras stella,* Oxfordium, Liesberg-Schichten, Pontarlier; Durchmesser 3 cm.

Oben rechts: *Cardioceras cordatum,* Oxfordium, Cordaten-Schichten, Herznach; Durchmesser 2,8 cm.

Mitte links: *Physodoceras bispinosum,* Kimmeridgium, Mellikon; Durchmesser 7,5 cm.

Mitte rechts: *Orbignyceras pseudopunctatum,* unteres Oxfordium, Herznach; Durchmesser 6 cm.

Unten links: *Ochetoceras hispidum,* Malm, Merishausen am Randen; Durchmesser 5,3 cm.

Unten rechts: *Ochetoceras canaliculatum,* unterer Malm, Blumberg, Durchmesser 4,8 cm.

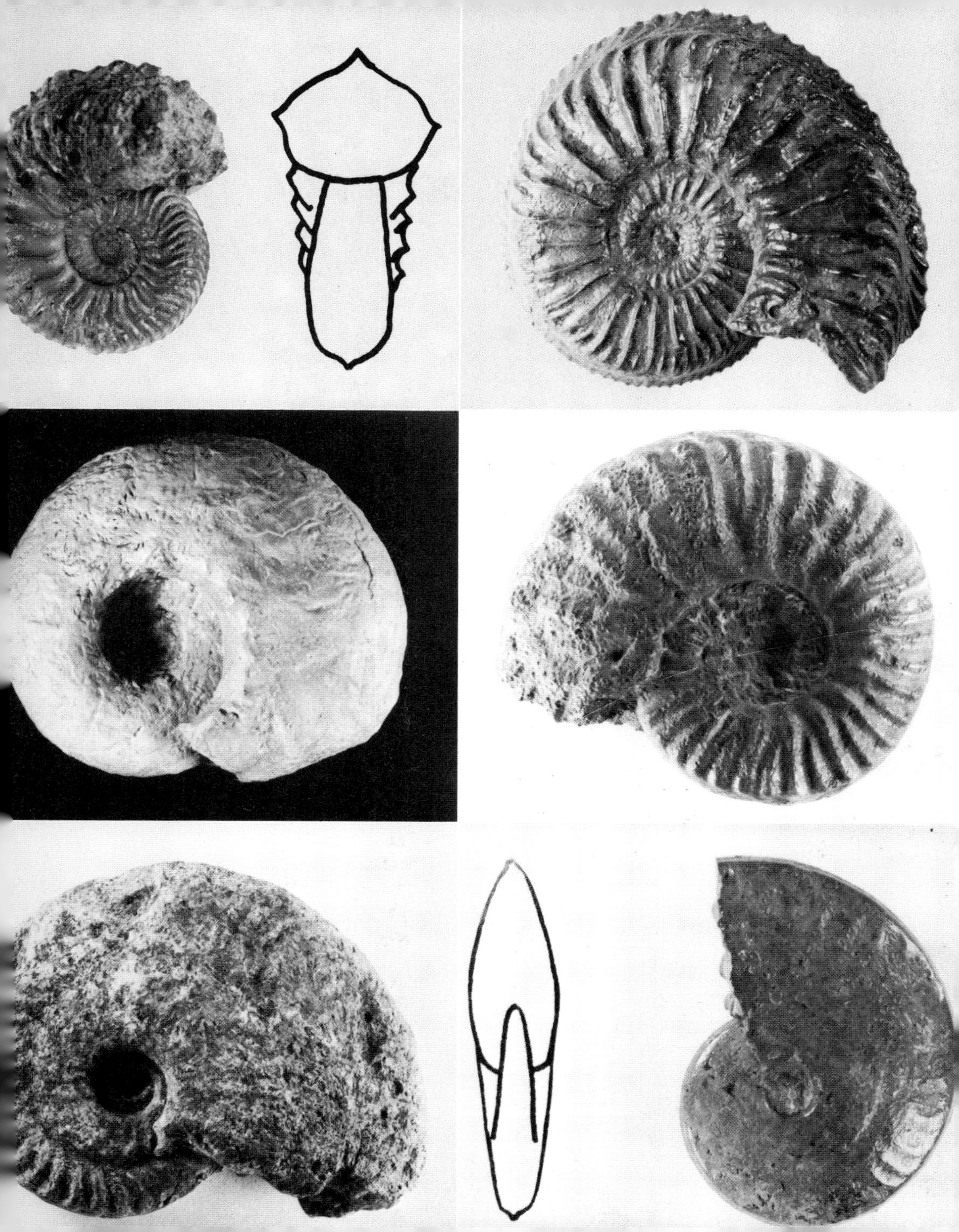

Oben links: *Sporadopyle obliqua,* Malm, Badener Schichten, Merishausen; Größe 1,8 cm.

Oben rechts: *Hemicidaris crenularis,* Malm, Liesberg-Schichten, Delsberg; Durchmesser 3,2 cm.

Mitte links: *Hemicidaris thurmanni (?),* Kimmeridgium, Fundort unbekannt; Durchmesser 2,3 cm.

Mitte rechts: Stacheln von *Hemicidaris crenularis* (oben) und *Hemicidaris intermedia* (Mitte und unten), Malm, Terrain à chailles, Liesberg; Länge des mittleren Stückes 3,2 cm.

Unten links: *Sphaeraster scutatus,* Malm, Badener Schichten, Mellikon; Durchmesser des Plättchens 1,2 cm.

Unten rechts: *Eugeniacrinites cariophyllites,* Malm, Effinger- bis Badener-Schichten, Mellikon; Durchmesser des Kelches 0,5 cm.

Bei dieser Seelilie lassen sich zwei Formtypen unterscheiden. Normalerweise setzt sich der Kelch ausladend vom obersten Stielglied ab. Bei einer Nebenform, die etwas dicker erscheint, hat der Kelch den gleichen Durchmesser wie der Stiel. Bei beiden Typen wirkt der Kelch kronenförmig. Wer dieses schöne kleine Fossil z. B. im Steinbruch Mellikon finden will, muß sich tief zu Boden bücken und sorgfältig Dezimeter um Dezimeter absuchen. Die Mühe wird aber belohnt, denn die Krönchen dieser Seelilie sind von seltener Schönheit.
Die Birmenstorfer und Effinger Schichten enthalten häufig den herzförmigen irregulären Seeigel *Collyrites (Cardiopelta) capistrata.* Die Oralseite dieses kleinen Fossils zeigt, daß die Mundöffnung etwas von der Mitte nach vorn verschoben ist und sich die Ambulakralporen darum herum drängen. Die Afteröffnung liegt am hinteren Rand. *C. capistrata* steht nahe *Collyrites bicordata,* der jedoch vorwiegend im westlichen Gebiet gefunden wird. Bei *Collyrites* laufen die fünf Ambulakralzonen nicht im Scheitelschild zusammen.
Disaster granulosus ist langoval mit abgeplatteter Hinterseite. Die Mundöffnung ist stark nach vorn verschoben, die Afteröffnung liegt auf der Oberseite im Bereich der Abplattung. Auch bei diesem Seeigel verlaufen die Ambulakralzonen nicht zum Scheitelschild.
Primärstacheln von *Cidaris*-Arten, die gelegentlich gefunden werden, weisen darauf hin, daß in den Schichten des Argovium auch die regulären Seeigel vertreten sind. Man findet relativ oft einzelne Plättchen der Corona. Ganze Exemplare von *Plegiocidaris coronata,* früher *Cidaris coronata,* sind sehr selten.
Wenn diese Art hier erwähnt wird, dann deshalb, weil sie in den Steinbrüchen von Mellikon, die Gesteine von den Birmenstorfer bis zu den Badener Schichten des Argovium aufschließen, zu finden ist. Nach Hess ist sie jedoch nur in den Badener Schichten enthalten. Da sie jedoch weiter westlich im Terrain à chailles ebenfalls vorkommt, ist eine genaue Einordnung wohl nicht mit Sicherheit möglich. Als Zonenfossilien sind diese Echiniden ohnehin nicht geeignet.
Die runde Corona von *Plegiocidaris coronata* ist etwas abgeflacht, die Primärstacheln sind oft asymmetrisch, mit Längsreihen feiner Körner am Schaft. Die Größe variiert. Die Zwischenporenzonen tragen meist fünf bis sechs Primär-

Seite 76:

Oben: *Plegiocidaris coronata,* Malm, Badener-Schichten, Mellikon; Durchmesser 4,2 cm.

Unten: Dasselbe Exemplar in Seitenansicht; Höhe 2,4 cm.

Seite 77:

Oben links: Stielglieder von *Millericrinus sp.*, Malm, Terrain à chailles, Liesberg; Länge des größten Exemplares 5 cm.

Oben rechts: Stielglieder von *Millericrinus sp.*; Länge 4 cm.

Mitte links: Stacheln verschiedener *Cidaris*-Arten, Malm, Liesberg-Schichten, Liesberg; Länge des größten Exemplares 4,7 cm.

Mitte rechts: Stacheln verschiedener *Cidaris*-Arten; Länge des größten Exemplares 4 cm.

Unten links: *Collyrites bicordata,* Oralseite, Malm, Liesberg-Schichten, Liesberg; Länge 3,2 cm.

Unten rechts: *Collyrites bicordata,* Oberseite, Malm, Liesberg-Schichten, Liesberg; Länge 3,2 cm.

warzen. Der Fund ganzer Coronen dieser *Cidaris*-Art bedeutet für jeden Sammler ein besonderes Ereignis und muß mit großer Geduld verdient werden.

Von Interesse ist ferner der Seestern *Sphaeraster scutatus*. Zu finden sind von ihm allerdings nur einzelne Aboralplatten, die, mit einer Stachelgrube ausgestattet, einen gezackten Rand haben. Für ihre Verbreitung gilt wohl das schon bei *Plegiocidaris coronata* Gesagte.

Auf einen Fund ganz besonderer Art wollen wir hier hinweisen. Junge Fossiliensammler aus der Gegend von Olten entdeckten vor einiger Zeit am Weißenstein in den Effinger Schichten des Oxfordium eine Gesteinslinse mit dem Seestern *Pentasteria longispina*. Mit Unterstützung des Naturmuseums Solothurn konnten sie eine Anzahl dieser Raritäten bergen und in mühevoller Arbeit – die Stücke waren fast vollständig von Gestein umgeben – freipräparieren. Zu Tage kamen perfekt überlieferte Exemplare, zum Teil zusammen mit dem Schlangenstern *Ophiomusium gagnebini*. Der Basler Spezialist für fossile Echinodermen des Schweizer Jura, Hans Hess, hat diesen wohl einmaligen Fund untersucht und beschrieben. Wir freuen uns, dem Leser ein Bild dieses Seesternes zeigen zu können, das uns die Finder, Meyer und Imhof, zur Verfügung gestellt haben.

Wenden wir uns nun der westlichen, der rauracischen Fazies zu. Auch im Westen herrschte zu Beginn des Oberen Jura, also im Oxfordium, noch offenes Meer vor. Hier setzten sich die dunklen Tone der *Renggeri*-Schicht ab. In ihnen lebten die kleinen Muscheln *Nucula subspirata* und *Nucula texata*. Ihre genaue Bestimmung ist schwierig, da meist nur die pyritisierten Steinkerne vorliegen. Auch zierliche, fünfkantige Seelilienstielglieder von *Balanocrinus pentagonalis* und winzige Plättchen des Skeletts von Schlangensternen sind typisch für die *Renggeri*-Tone.

Am wichtigsten und häufigsten sind jedoch die in Pyrit umgewandelten Gehäuse von Ammoniten, die, ebenso wie die Belemniten, meist kleinwüchsig sind. Leitend für diese Tone ist der auffällige Ammonit *Creniceras renggeri,* ein flacher, engnabliger Typ. Auf der Außenkante der glatten Flanke trägt er eine Reihe zunächst sehr kleiner Höcker, die sich im Bereich der Wohnkammer ganz wesentlich vergrößern, was dem Ammoniten ein zahnradähnliches Aussehen verleiht. *Creniceras renggeri* ist im allgemeinen sehr klein, hat er doch durchschnittlich einen Durchmesser von nur etwa einem Zentimeter. Das abgebildete Exemplar muß mit seinen 2,5 cm Durchmesser also als außergewöhnlich groß bezeichnet werden.

Beliebt ist auch *Quenstedtoceras mariae,* mäßig weitnablig, mit zugeschärftem Bug, auf dem die kräftig ausgebildeten Rippen zusammenlau-

Pentasteria longispina, Malm, Effinger Schichten, Weißenstein; Durchmesser 18 cm.

fen. Am Nabel ziemlich weitstehend, gabeln sie sich auf der Flankenseite, wobei jedoch, etwas unregelmäßig, jede zweite bis dritte ungegabelt verläuft. Die Rippen sind schwach gebogen und wenden sich gegen den Bug nach vorn. *Hecticoceras hecticum,* der schon im obersten Dogger vorkommt, reicht auch noch in die *Renggeri-*Tone. Das abgebildete Stück ist nicht typisch, da sein Steinkern die abgebogenen Rippen nur schwach andeutet.

Von den Perisphincten findet sich der schon früher erwähnte Vertreter *Perisphinctes backeriae (Euaspidoceras sp.)* auch hier.

Peltoceras annulare ist ein zierlicher, weitnabliger Ammonit, dessen Windungen sich nur wenig umgreifen und der einen fast kreisrunden Windungsquerschnitt besitzt. Er hat kräftige, scharfkantige Rippen, die über die Außenseite ziehen und sich dort meist gabeln. In den *Renggeri*-Tonen ist er eher selten. Neben ihm trifft man noch auf *Peltoceras athleta.* Bei ihm sind die radialen Rippen kräftiger, stehen weiter auseinander und entwickeln sich an der Gabelstelle manchmal zu Knoten.

Durch mehr als eine Art vertreten ist wahrscheinlich die Gattung *Taramelliceras.* Ihre Bestimmung macht, vor allem bei jugendlichen Exemplaren, oft Schwierigkeiten, weil diese von Jugendexemplaren von *Creniceras renggeri* kaum zu unterscheiden sind. Deshalb soll hier nur *Taramelliceras costatum* genannt werden. Es handelt sich dabei um einen engnabligen Typ, der verhältnismäßig dick erscheint. Er besitzt flache, etwas weitgestellte Rippen, die sich in der Flankenmitte teilen und gegen außen auslaufen. Beiderseits am Außenrand der Flanke stehen kräftige Knoten. Zwischen diesen beiden Knotenreihen läuft eine weitere, aus etwas dichter stehenden Knötchen bestehende Kette, die den Kiel bildet. Diese Kielzacken sind schon in den inneren Windungen ausgebildet, im Gegensatz zu den unregelmäßiger vorkommenden Flankenrandknoten, die nur den äußeren Umgang schmücken. *Taramelliceras sp.,* hier ebenfalls abgebildet, soll zeigen, wie schwer eine Bestimmung der Arten ist.

Neben den Ammoniten stehen Belemniten, vor allem *Hibolites hastatus,* der schon bei der Beschreibung der Fauna der aargauischen Fazies erwähnt ist.

Auch die Gastropoden *Pleurotomaria* kommen vor. Hinzu treten kleine und kleinste Formen der Nerineen. Als sehr selten einzustufen sind Krebsteilchen, wie Scheren und Körperschilde, alle von kleinwüchsigen Arten.

Zum erstenmal treten in den *Renggeri*-Tonen auch Foraminiferen auf, und zwar *Globigerina oxfordiana.* Diese im Meer treibenden, sehr kleinen, primitiven Lebewesen sind für den Durchschnittssammler allerdings meist uninteressant, weil sie nur durch Schlämmen zu gewinnen und unter dem Mikroskop zu bestimmen sind. Sie müssen hier jedoch genannt werden, da sie später, ab der oberen Kreidezeit, als wichtige Zonenfossilien an die Stelle der Ammoniten treten.

Auf die dunklen *Renggeri*-Tone, die übrigens auch viel weiter westlich, bei Pontarlier, vorkommen, folgen kalkreiche Mergelschichten, die mit harten Kalkkonkretionen durchsetzt sind und daher als Terrain à chailles bezeichnet werden. Ammoniten finden sich auch hier; doch sind nun Muscheln die wichtigsten Vertreter der Fauna. Meist treten Formen auf, die auch im oberen Dogger schon vorkommen. *Pholadomya parcicosta* und *Pholadomya fidicula* sind große Muscheln, die im Terrain à chailles jedoch stets nur als Steinkerne vorliegen und oft schlecht erhalten sind. Im deutschsprachigen Raum, wo sie, wie etwa in Liesberg, häufig auftreten, gaben ihnen die Arbeiter der Tongruben den Namen Ochsenherz. Die schlechte Erhaltung erschwert die Zuordnung zu den einzelnen Arten. Es muß aber angenommen werden, daß es sich um mehrere Arten handelt. Neben *Pholadomya* kommt auch die Gattung *Goniomya* vor, dazu *Pleuromya.* Alle diese Muscheln haben im Schlamm des Meeresbodens gelebt.

Nach der Ablagerung der *Renggeri*-Tone – sie gehören zu den Liesberg-Schichten – und des Terrain à chailles wird die unterschiedliche Entwicklung des Malm im Osten und im Westen noch deutlicher. Während im Westen (Berner oder Jurassischer Jura) im nun seichter werdenden Wasser Korallenriffe entstehen,

Oben links: *Creniceras renggeri,* Malm, *Renggeri*-Tone, Liesberg; Durchmesser 2,7 cm. Es handelt sich hier um ein außergewöhnlich großes Exemplar.

Oben rechts: *Quenstedtoceras mariae,* Malm, *Renggeri*-Tone, Liesberg; größtes Exemplar 3,5 cm Durchmesser.

Unten links: Peltoceras annulare, Malm, *Renggeri*-Tone, Liesberg; Durchmesser 1,2 cm.

Unten rechts: *Taramelliceras sp.,* Malm, *Renggeri*-Tone, Liesberg; Durchmesser 2,2 cm.

Oben links: Krebsteilchen (Scherenglieder), Oxfordium, *Renggeri*-Tone, Liesberg; Länge des größten Stückes 1,7 cm.

Oben rechts: *Hecticoceras (Lunoloceras) sp.*, Oxfordium, Renggeri-Tone, Liesberg; Durchmesser 2,7 cm.

Mitte links: *Holectypus depressus,* ob. Dogger, *Varians*-Schichten, Liesberg; Durchmesser 3 cm.

Mitte rechts: *Glomerula gordialis,* Oxfordium, Terrain à chailles, Liesberg; Durchmesser 1,4 cm.

Unten links: *Discocyathus sp.*, unterer Malm, Blumberg; Durchmesser 2,5 cm.

Unten rechts: *Serpula tetragona,* Oxfordium, Terrain à chailles, Liesberg; Länge 1,8 cm.

bleibt das Meer im Osten tiefer. Hier bilden sich auf schlammigem Boden Schwammkolonien. Die Verschiedenheit der Ablagerungen hat dazu geführt, daß für die gleichaltrigen Schichten zwei verschiedene Bezeichnungen sich eingebürgert haben, wie schon früher erwähnt wurde.
Im Rauracium bilden sich nach den *Renggeri*-Tonen und dem Terrain à chailles die Korallenkalke des Berner Jura, während die schwammreichen Mergel und Kalke des Argovium den östlichen Abschnitt prägen.
Die rauracischen Korallenriffe – sie beginnen mit den Liesberg-Schichten – enthalten eine sehr artenreiche Fauna, die zwischen den Korallenstücken günstige Lebensbedingungen fand. Seelilien müssen hier an erster Stelle aufgeführt werden. Von großer Bedeutung ist dabei die Gattung *Millericrinus.* Ihr Stiel ist meist rund und ohne Zirren. Die Gelenkflächen tragen radiale Leisten, die vom Zentralkanal ausgehen. Dieser ist manchmal sternförmig ausgebildet, was dazu führt, daß der Stiel fünfkantig wird. Die Verankerung am Meeresgrund erfolgt durch Wurzeln, die oft sehr groß sind.
Eine Besonderheit ist erwähnenswert: In den Wurzelstöcken dieser Seelilien hat sich ein organischer Farbstoff erhalten, der ihnen eine ganz auffällige violette Tönung verleiht. Das Phänomen wurde zuerst an Fundstücken vom Fringeli im Laufental beobachtet. Daher hat sich für diesen Farbstoff der Name Fringelit durchgesetzt. Es gibt Sammler, die sich geradezu auf die Wurzelstöcke mit Fringelit spezialisiert haben. Und so tauchen da und dort an Börsen als spezielle Sammelobjekte angeschliffene Seelilienwurzeln auf.
Der Kelch von *Millericrinus* ist meist konisch oder birnenförmig, manchmal deutlich vom Stiel abgesetzt. Die Gesamtgröße wechselt stark. Der Sammler kann vor allem mit Wurzelstöcken und Stielgliedern rechnen. Letztere werden in großer Zahl und in oft verwirrender Fülle von Formen gefunden. Das macht die Zuordnung zu einzelnen Arten nicht gerade einfach. Dazu kommt, daß die Kelche, die eine sichere Bestimmung erlauben, nur selten vorliegen. Man hat daher eine ganze Anzahl von Arten nur auf Grund von Stielgliedern ausgesondert.
Der große Formenreichtum der Stielfragmente ist zum Teil darauf zurückzuführen, daß sich die Stielglieder in Wurzelnähe oft sehr von denen unter dem Kelch unterscheiden. Zudem sind Stielglieder der Gattungen *Apiocrinus* und *Millericrinus* sowieso kaum zu unterscheiden. Hans Hess ordnet deshalb alle Funde aus dem Terrain à chailles und den Liesberg-Schichten der Gattung *Millericrinus* zu, so daß Wurzeln und Stielglieder aus diesen Schichten als *Millericrinus sp.* zu bezeichnen sind.
Immerhin kann man bei den Wurzeln zwischen *Millericrinus echinatus* und *Millericrinus munsterianus* unterscheiden. Während sich nämlich

Oben links und rechts: Kelchplatte von *Millericrinus echinatus,* Seitenansicht und Oberseite, Malm, Liesberg-Schichten, Liesberg; Durchmesser 3,2 cm.

Unten links: Krone (Oberseite) von *Millericrinus echinatus,* Malm, Liesberg-Schichten, Liesberg; Durchmesser 3,5 cm.

Unten rechts: Wurzelstock von *Millericrinus echinatus,* Oxfordium, Terrain à chailles, Liesberg; Länge des Stückes ca. 7 cm.

die Wurzeln von *Millericrinus echinatus* vielfach verzweigt zeigen, sind die von *Millericrinus munsterianus* kompakter und kaum verästelt. *Millericrinus echinatus* bevorzugte den tiefgründigen Meeresboden des Terrain à chailles, in dem die Wurzeln sich verzweigen konnten. *Millericrinus munsterianus* dagegen verankerte sich auf festerem Boden und hat Wurzeln, die eher einem Klotz ähneln. Damit konnte diese Seelilie auch den stärkeren Strömungen eines flacheren Meeres standhalten.
Bei *Millericrinus munsterianus,* bekannt auch unter mehreren anderen Artbezeichnungen, geht der Stiel konisch in den manchmal auch birnenförmigen Kelch über. Die Stielglieder sind immer rund, in der Nähe des Kelches niedriger als weiter unten. Für die eindeutige Zuordnung kann kaum Gewähr geleistet werden. Die alte Bezeichnung *Millericrinus elongatus* bezieht sich nach Hess teils auf die vorliegende Art, teils aber auch auf *Apiocrinites roissyanus.* Daneben finden wir auch den Namen *Apiocrinus rosaceus.*
Auch *Millericrinus echinatus* hat verschiedene Synonyme. Bei ihr ist der Kelch vom Stiel etwas abgesetzt. Der Stiel ist oben fünfkantig; weiter unten sind die Glieder rundlich, abwechselnd hoch und niedrig; sie tragen Dornen oder Auswüchse. Insgesamt gesehen findet man, etwa in Liesberg, zwar Stielglieder und Wurzeln sehr häufig, Kelche dagegen äußerst selten. Als sehr problematisch für den Sammler erweist sich stets die Bestimmung.
Unter den Seeigeln des Terrain á chailles und der Liesberg-Schichten fällt, weil relativ häufig, der kleine *Glypticus hieroglyphicus* auf. Er gehört zu den regulären Formen, ist kreisrund, unten flach und hat eine gewölbte Oberseite. Auf den Ambulakralfeldern sind die Warzen bis zum Scheitelschild entwickelt, nehmen aber nach oben an Größe ab. Die Interambulakralzonen tragen unregelmäßige, wulstartige Erhöhungen; ihre sehr verschiedenen Formen standen Pate für den Namen dieses schönen Fossils. Und bei aller Häufigkeit ist der Fund eines *G. hieroglyphicus* in den Liesberg-Schichten immer wieder ein Ereignis für den Sammler. Der Seeigel kommt auch in den jüngeren Caquerelle-Schichten vor und findet sich, allerdings selten, auch im Argovium, etwa bei Seewen, wo Rauracium und Argovium zusammentreffen.
Eine für den ganzen Schweizer Jura wichtige Art ist *Paracidaris florigemma,* die ebenfalls in den Liesberg-Schichten enthalten ist, deren Verbreitung aber weit darüber hinaus reicht. Diese Cidariden-Art hat in den Zwischenporenzonen abwechselnd größere und kleinere Warzen und dazwischen zwei unregelmäßige Warzenreihen. Die Primärstacheln sind keulenförmig. Gestaltmäßig kann *Paracidaris florigemma* sehr variieren. Neben hohen, unten schmaleren Gehäusen kommen auch flachere vor, was zur Abgliederung von Unterarten geführt hat.
Bei *Paracidaris blumenbachi* weisen die Zwischenporenzonen höchstens sechs Warzenreihen auf, sind aber regelmäßiger als bei *Paracidaris florigemma.* Die Warzenhöfe sind ausgeprägt eingetieft, die Primärstacheln lang, dünn und zylindrisch. *Plegiocidaris coronata,* er-

wähnt schon bei der Schilderung der aargauischen Fazies, kommt auch in den rauracischen Formationen vor, ist aber nur äußerst selten in vollständigen Exemplaren aufzuspüren. Der Sammler muß sich meist mit einzelnen Gehäuseplättchen und Stacheln begnügen.

Als meist kleine, abgeflachte Formen zeigen sich die Vertreter von *Pseudodiadema.* Unter ihnen ist wohl am wichtigsten *Pseudodiadema pseudodiadema,* auch unter dem Namen *Pseudodiadema hemisphaericum* bekannt. Die Ambulakralfelder sind mit gleichmäßig großen Stachelwarzen besetzt. Die Interambulakralplatten tragen je eine große Warze. Die Mundöffnung ist groß, der Scheitelschild klein. *Diplopodia aequalis* und *Diplopodia subangularis* haben flache, niedrige Gehäuse. Von *Polydiadema* sind sie nur schwer zu unterscheiden. *Diplopodia subangularis* hat zweizeilige Poren bis zum Ambitus. Die Primärwarzen treten stark hervor, die Sekundärwarzen sind ebenfalls gut entwickelt. *Diplopodia aequalis* erscheint etwas höher. Primärwarzen und Sekundärwarzen sind weniger entwickelt als bei *Diplopodia subangularis.*

Besonders interessant für Sammler sind die Hemicidariden, von denen nach Hess im Schweizer Jura zwei Arten vorkommen: *Hemicidaris crenularis* und *Hemicidaris intermedia.* Sie lassen sich jedoch nicht unterscheiden, wenn man nur die Gehäuse betrachtet. Der Unterschied liegt praktisch nur in den Stacheln, die normalerweise aber stets für sich gefunden werden. Da *Hemicidaris crenularis* bekannter ist, genügt die Beschreibung dieser Art. Das Gehäuse ist hoch, die Oberseite stark gewölbt, die Unterseite flach. Da sich die Corona aus ziemlich dicken Platten zusammensetzt, ist der Erhaltungszustand meistens sehr gut. Man darf ruhig behaupten, daß *Hemicidaris crenularis* neben *Plegiocidaris coronata* der schönste fossile Seeigel ist. Die Ambulakralzonen sind in der oberen Hälfte schmal und mit einfachen kleinen Warzen besetzt, verbreitern sich nach unten mit verwachsenen Primärplättchen und großen, durchbohrten Warzen. Die interambulakralen Primärwarzen sind groß, gekerbt und durchbohrt. Sie besitzen einen ausgeprägten Warzenhof.

Wie erwähnt, unterscheiden sich *Hemicidaris crenularis* und *Hemicidaris intermedia* faktisch nur durch die Stacheln. *Hemicidaris crenularis* hat keulenförmige Primärstacheln, die am Ende abgeplattet erscheinen, *Hemicidaris intermedia* lange, zylindrische, am Ende zugespitzte Stacheln. Da die Stacheln meistens zerbrochen gefunden werden, ist die Zuordnung schwer. Es ist aber anzunehmen, daß Stachelstücke, die sich nach oben verbreitern, zu *Hemicidaris crenularis* zählen, während die sich verjüngenden Bruchstücke *Hemicidaris intermedia* zuzuteilen sind.

Ein weiterer, im Terrain à chailles gelegentlich vorkommender regulärer Seeigel ist *Pedina sublaevis.* Hier handelt es sich um eine in der

Oben links: *Glypticus hieroglyphicus,* Malm, Terrain à chailles, Liesberg; Durchmesser 2 cm.

Oben rechts: *Gymnocidaris lestoquii,* Malm, Caquerelle-Schichten, Hasenburg; Durchmesser 3,7 cm.

Mitte links: *Acrocidaris nobilis,* Malm, Caquerelle-Schichten, Hasenburg; Durchmesser 3,5 cm.

Mitte rechts: *Collyrites capistrata,* Malm, Effinger-Schichten, Merishausen am Randen; Länge 2,2 cm.

Unten links: *Paracidaris florigemma,* Malm, Terrain à chailles, Liesberg; Durchmesser 2,5 cm.

Unten rechts: *Pedina sublaevis,* Malm, Caquerelle-Schichten, Hasenburg; Durchmesser 5 cm.

Größe sehr unterschiedlicher Art, die bis zu zehn Zentimeter Durchmesser aufweisen kann. Sie besitzt ein dünnes Gehäuse und ist dementsprechend sehr selten unzerdrückt anzutreffen. Auf dem flachgewölbten Gehäuse stehen die Porenpaare in drei Reihen. Die Ambulakralplatten tragen nur unregelmäßig größere Warzen. Auf den Interambulakralfeldern im Bereich des Ambitus findet sich meist eine Primärwarze. Der Gesamteindruck ist nach HESS „mehr oder weniger warzig". *Pedina sublaevis* kommt, wie die meisten der genannten Arten, wohl am häufigsten in den Caquerelle-Schichten vor.

In die Nähe von *Hemicidaris* zu stellen ist *Gymnocidaris*. Bei ihm sind jedoch die oberen Interambulakralwarzen wesentlich schwächer entwickelt. Bei *Gymnocidaris lestoquii* ist das Gehäuse nicht hochgewölbt, sondern eher flach. Der Scheitelschild trägt deutliche Warzen, während zwischen den interambulakralen Primärwarzen nur Ringwarzen, jedoch keine Miliarwarzen stehen.

Hemicidaris thurmanni (?), ein kleiner Seeigel, zeigt einige Ähnlichkeiten mit *Gymnocidaris* und *Hemicidaris*. Er ist eher flach. Die Ambulakralfelder sind gerade und mit einer Doppelreihe ziemlich großer Warzen bestückt. Der Scheitelteil zeigt ein betont sternförmiges Apikalfeld. Insgesamt scheint die Zuordnung zur Gattung *Hemicidaris* zweifelhaft.

Relativ groß ist *Acrocidaris nobilis*, ein Seeigel, der eine abgeflachte Unterseite und eine gewölbte Oberseite zeigt. Die Ambulakralwarzen sind auffallend groß und nur geringfügig kleiner als die Primärwarzen der Interambulakralfelder. Der Scheitelschild ist klein, die Oralöffnung viel größer. *Acrocidaris nobilis* kommt in den Caquerelle-Schichten und in den *Natica*-Schichten ziemlich häufig vor.

Neben den regulären gibt es natürlich auch irreguläre Arten. Der schon besprochene *Holectypus depressus* findet sich ebenso wie *Collyrites (Cardiopelta) bicordata*. Dieser ist breit, herzförmig und von mittlerer Höhe. Die Mundöffnung ist etwas nach vorn verschoben, die Afteröffnung liegt am Rand. Die Art ist größer als *Collyrites capistrata*. Im Terrain à chailles kommt sie ziemlich häufig vor. Außerdem kann der Sammler auch mit *Disaster granulosus* rechnen, der auch in der aargauischen Fazies angetroffen wird.

Die eben geschilderte Fauna, die sich vom Terrain à chailles und den nachfolgenden Schichten an im seichter werdenden Meer im Schutz der Korallenriffe entwickelt hat, ist die typische Begleitfauna der Korallen. Teils war sie in den Riffen selbst angesiedelt, teils in mergeligen Zwischenlagen. In den kleineren Riffen, hinter den großen Riffbarrieren, treffen wir auf verschiedene Schnecken, wie Nerineen, ferner Muscheln, etwa *Diceras arietina* und *Trigonia suprajurensis*.

Auch einzelne, meist kleine Schwämme werden schon im Terrain à chailles festgestellt. Von

Oben links: *Cylindrophyma milleporata*, Malm, Terrain à chailles, Liesberg; Länge 3 cm.

Oben rechts: *Enaulofungia glomerata*, Malm, Terrain à chailles, Liesberg; Durchmesser 2,8 cm.

Mitte links: *Montlivaultia sp.*, Malm, Caquerelle-Schichten, Hasenburg; Durchmesser des Bechers 2,5 cm.

Mitte rechts: *Stylina sp.*, Malm, Caquerelle-Schichten, Hasenburg; 2 × vergrößert.

Unten links: Montlivaultia sp., Malm, Caquerelle-Schichten, Hasenburg; Durchmesser des Bechers 5 cm.

Unten rechts: *Thamnasteria sp.*, Malm, Caquerelle-Schichten, Hasenburg; größter Durchmesser des Stückes 6 cm.

ihnen ist bemerkenswert *Enaulofungia glomerata,* auch bekannt unter der Gattungsbezeichnung *Stellispongia,* ein kugeliger Kalkschwamm mit ausgeprägten, von der Oberseite ausgehenden Rillen. Für ihn findet sich auch die Bezeichnung *Holcospongia.* Das Beispiel zeigt, wie kompliziert die Bestimmung gerade auch bei Schwämmen ist.
Cylindrophyma milleporata mag als Beispiel für die Kieselschwämme stehen. Hier handelt es sich um einzelne, zylinderförmige Gebilde, deren Radialkanäle die Zylinderwand durchsetzen. Eine Zentralhöhle durchzieht den ganzen Körper. Die Oberfläche besitzt viele kleine Öffnungen. Oft sind zwei oder mehrere Schwammkörper zusammengewachsen.
Viele Sammler beachten die sehr häufigen Kalkröhren verschiedener Wurmarten nicht, die manchmal auf anderen Fossilien angetroffen oder auch isoliert gefunden werden. Vielleicht am auffälligsten sind darunter die Röhrengänge von *Serpula gordialis,* auch als *Glomerula gordialis* bezeichnet. Es handelt sich um lange, unregelmäßig zusammengerollte Wurmröhren von geringem Durchmesser, die man auf Muscheln aufgewachsen oder freiliegend finden kann. Weniger häufig ist *Serpula tetragona,* kleine, manchmal an der Spitze eingerollte Röhren von 2–3 cm Länge, mit vier äußeren Längsrinnen, die einen quadratischen Querschnitt ergeben.
Wenden wir uns nun den Korallen zu, die in großer Vielfalt und teilweise – in den Riffen – gesteinsbildend vorkommen. Der Sammler wird wie bei den Schwämmen Mühe haben, die verschiedenen Massenkorallen und die Einzelkorallen zu bestimmen. Eine genaue Einordnung ist nämlich nur durch Untersuchung des Skelettbaues möglich. Aus diesem Grunde beschränken wir uns hier auf eine Übersicht über die Anthozoen.
Die Korallen reichen weit ins Erdaltertum zurück und finden sich bis in die Gegenwart. Allerdings haben sie im Verlauf der erdgeschichtlichen Entwicklung große Wandlungen durchgemacht, auf die näher einzugehen hier nicht der Ort ist.
Im folgenden also die wichtigsten, in den Schichten der rauracischen Fazies vorkommenden Korallen:
Wohl am häufigsten trifft man auf *Thamnasteria,* bekannt auch als *Thamnastrea.* Von dieser gibt es mehrere, schwer auseinanderzuhaltende Arten. Die Abbildung zeigt eine davon als *Thamnasteria sp.* Die zu dieser Gattung gehörenden Korallen können als Einzel- oder als koloniebildende Korallen auftreten. Thamnasterien-Arten im engeren Sinne sind meist als flach ausgebreitete Stöcke anzutreffen, bei denen die Septen der Einzelkelche fließend ineinander übergehen. Die Schichten vom Terrain à chailles und die Caquerelle-Schichten enthalten diese Korallen in mehreren Arten. Aber auch in den jüngeren *Natica-* und *Humeralis-*Schichten sowie im Kimmeridgium sind sie vertreten. Im oberen Rauracium spielen sodann die Arten von *Stylina* eine nicht unwichtige Rolle als Gesteinsbildner. Die *Stylina sp.,* der Abbildung (Seite 88) kommt in den Caquerelle-Schichten oft in großen Blöcken vor. Die kleinen, sternförmigen Kelche, deren Septen zum Teil zusammenlaufen, scheinen zu einem kunstvollen Gewebe verflochten.
Wesentlich seltener treten die ziemlich großen Einzelkorallen der Gattung *Montlivaultia* oder *Montlivaltia* in Erscheinung. Am häufigsten ist wohl *Montlivaultia turbinatum.* Sie ist konisch, läuft unten in eine stumpfe Spitze aus, während der eher enge Kelch, gebildet von zahlreichen Septen, einen wulstartigen Rand besitzt.
Die beiden abgebildeten *Montlivaultia-*Arten dagegen haben einen breiten, becherförmigen

Kelch, wobei die eine einen ausladenden Rand von etwas gröberer Struktur aufweist, während die andere einem kreisrunden Becher mit ziemlich scharfem Rand gleicht. Eine genaue Artbestimmung liegt nicht vor.

Als selten muß die Gattung *Discocyathus* bezeichnet werden, die sich gelegentlich schon im obersten Dogger findet. Auch sie ist eine Einzelkoralle, hat einen kreisrunden, flachen Boden, der konzentrische Ringe trägt. Der Bodenrand ist scharfkantig gegen die Oberseite abgesetzt. Darüber bilden die Septen eine eher flache Wölbung und führen auf der Oberseite zu einem leicht vertieften Zentrum. *Discocyathus* weist Ähnlichkeit mit der kreidezeitlichen *Cyclolites* auf, die jedoch höher gewölbt ist und ein in die Länge gezogenes Zentrum hat. Erwähnt seien noch die Gattungen *Thecosmilia* und *Isastrea,* die ebenfalls in den Schichten der rauracischen Fazies gefunden werden.

Im Sequanium, beginnend mit den *Natica*-Schichten – so genannt nach der Raubschnecke *Natica* –, zeigt sich im Berner Jura eine starke Veränderung gegenüber den Korallenkalken des Rauracium. Jetzt treffen wir geschichtete Kalke und Mergelbänke. Dies deutet auf seichten Sedimentationsraum. Korallenrasen gibt es auch hier. Zwischen den Korallen lebten Seeigel der bereits erwähnten Gattungen *Hemicidaris* und *Acrocidaris.* Dazu treten verstärkt Nerineen.

Nerinea suprajurensis, eine Turmschnecke, erreicht mit bis zu 20 cm Länge eine erhebliche Größe. Die Umgänge sind kaum voneinander abgesetzt. Nerineen haben eine dicke Schale. Neben *Nerinea suprajurensis* ist *Nerinea bruntrutana* häufig. Dazu kommt *Nerinea gosae.* Insgesamt sollen aus dem Jura über zwanzig Arten bekannt sein. Allerdings finden wir im rauracischen Gebiet nur einige davon.

Die Raubschnecken der Gattung *Natica* sind in den Formationen des mittleren Malm im Berner Jura namengebend. Ihr Gehäuse ist rundlich-bauchig, die Mündung fast oval, der letzte Umgang groß. *Natica grandis* ist vermutlich identisch mit *Ampullina gigas.* Hinzu kommt noch *Ampullina turbiniformis.* Ferner gilt es, *Natica haemisphaerica* zu nennen. – Sie alle kommen eher selten vor.

Über den *Natica*-Schichten folgen die *Humeralis*-Schichten. In ihnen sind die Brachiopoden von Bedeutung, vor allem *Juralina humeralis,* eine kleine, glattschalige Form, die ziemlich flach und fast fünfeckig ist.

Lacunosella lacunosa, früher *Rhynchonella lacunosa,* kommt in mehreren Varietäten häufig vor. Sie ist auch in der aargauischen Fazies vielfach vertreten. Zu nennen ist zudem *Dictyothyris kurri,* ein kleiner Brachiopode mit radialer Streifung und geradem Schloßrand.

Schließlich sollen noch *Rhynchonella semicostans* und *Thurmanella thurmanni* nicht vergessen werden, die im Gebiet von Delsberg gelegentlich vorkommen. Im Malm des Neuenburger Jura, also weiter westlich, trifft man *Terebratula subsella,* eine fast runde Form mit leicht gewelltem Rand.

Die Muscheln im mittleren Malm des Berner und Neuenburger Jura sind vertreten durch *Protocardia banneiana,* eine ziemlich große, den Pholadomyen ähnliche Art, die jedoch, da meist nur Steinkerne gefunden werden, schwer zu bestimmen ist.

Meist weitaus besser erhalten sind die dünnen Schalen von *Lopha semisolitaria,* die der aus dem Dogger bekannten *Lopha marshi* nahesteht, aber wesentlich zierlicher wirkt.

Im oberen Sequanium, in den St.-Verena-Schichten, sind oolithische Kalke abgelagert. Hier treffen wir die Schnecke *Nerinea contorta* und den Armfüßer *Juralina insignis,* eine große, länglich-ovale, glatte Art, die häufig zu finden ist. Die eigenartige Muschel *Diceras,* die wir schon mit der Art *Diceras arietina* erwähnt haben, kommt in den St.-Verena-Schichten mit einer Unterart, *Diceras sanctae verenae,* vor. Es handelt sich dabei um eine dickschalige, ungleichklappige und nach vorn eingerollte Muschel, die ziemlich selten ist.

Im östlichen Teil des Schweizer Jura herrschen auch im Sequanium eintönige Wechsellagerungen von Kalk und Mergel vor. Schwämme und Ammoniten, vor allem Perisphincten, sind verbreitet. Diese Sedimentation ist lediglich durch die *Crenularis*-Schichten unterbrochen, in denen neben einigen Korallen der schon beschriebene Seeigel *Hemicidaris crenularis* angetroffen wird. In den *Crenularis*-Schichten findet man auch die großen, gewölbten Gehäuse des Seeigels *Stomechinus perlatus.* Größere Exemplare haben auf den Interambulakralfeldern zahlreiche Primärwarzen. Um sie herum gruppieren sich kleinere Warzen. Auf den Ambulakralfeldern sind die größeren Warzen unregelmäßig verteilt.

Den obersten Teil des Sequanium nehmen im Osten die Wangener Schichten ein. In ihnen stößt man auf den kleinen Ammoniten *Glochiceras lingulatum,* der zu den Haploceraten gehört. Es handelt sich bei ihm um einen glatten, engnabligen Typ, der keinen Kiel besitzt. Er ist sehr häufig. Nur selten findet man jedoch vollständige Exemplare mit den langen Ohren am Mündungsrand.

Wenn wir uns nun dem oberen Malm, zunächst also dem Kimmeridgium zuwenden, so stellen wir fest, daß im westlichen Teil des Jura weiterhin flaches Wasser vorherrschte. Die Korallenriffe schoben sich immer weiter nach Westen und Südwesten, bis in die Gegend von Genf vor. Hinter ihnen liegen Kalkablagerungen, die vor allem Nerineen enthalten. In den unteren Lagen dieser Kalke tritt der kleine Seeigel *Pseudocidaris thurmanni* auf. Er steht in der Nähe von *Hemicidaris* und *Gymnocidaris.* Sein Gehäuse hat auf den Interambulakralfeldern große Primärwarzen, die entsprechend gering an der Zahl sind. Auf der Oberseite nimmt eine einzige Platte die ganze Breite des Interambulakralfeldes ein. Die Primärstacheln sind auffallend dick und kurz.

Die Schnecke *Pterocera oceani,* auch als *Harpagodes oceani* bekannt, ist eine dickschalige Form mit kugeligem Gewinde. Die Außenlippe trägt eine Reihe langer Fortsätze. Gut erhaltene Fundstücke sind sehr selten. Meistens fehlen diese fingerartigen Anhänge.

In den oberen Lagen der Kalkbänke – sie sind durch eine Mergelschicht von den unteren getrennt – trifft man auf ganze Bänke der kleinen Auster *Exogyra virgula.*

Die Kimmeridgium-Kalke werden in der Gegend von Solothurn als „Marmor" gebrochen. Und hier entdeckte man eine mergelige Linse, die Reste von Wasserschildkröten (Panzer) enthielt. Sie liegen heute im Naturmuseum von

Oben links: *Lacunosella lacunosa,* Malm, Randen; Größe ca. 2 cm.

Oben rechts: *Dictyothyris kurri,* oberer Malm, Trimbach bei Olten; Größe 1 cm.

Mitte links: Rechts *Rhynchonella semicostans,* Malm, Delsberg; Größe ca. 1,8 cm. Links *Thurmanella thurmanni,* Malm, Delsberg.

Mitte rechts: *Arctostrea carinata,* Kimmeridgium, Laufenthal; Größe ca. 3 cm.

Unten links: *Protocardia banneiana,* Malm, Pruntrut; Größe ca. 7 cm.

Unten rechts: *Lopha semisolitaria,* Pruntrut, Malm; Größe 3,5 cm.

Oben links: *Orthosphinctes sp.*, oberer Malm, Randen; Durchmesser 10,3 cm.

Oben rechts: *Orthosphinctes sp.*, Malm, Randen; Durchmesser 11 cm.

Mitte links: *Prorasenia crenata,* Malm, Randen bei Siblingen; Duchmesser 1,5 cm.

Mitte rechts: *Ataxioceras polyplocum,* Malm, Badener Schichten, Merishausen; Durchmesser 6,6 cm.

Unten links: *Trimarginites,* Malm, Birmenstorfer Schichten, Lägern; Durchmesser 1,8 cm.

Unten rechts: *Nerinea suprajurensis,* Kimmeridgium, Dittingen; Länge 7 cm.

Solothurn und bilden einen seiner Hauptanziehungspunkte, wenn man von den neuesten Prunkstücken, den bereits erwähnten Seesternen, absieht.
Im östlichen, aargauischen Teil des Jura lag im Kimmeridgium ein nach Osten tiefer werdendes Meer, in dem sich Mergel und Kalke absetzten. Die Badener Schichten weisen Verschwammung auf; in den Randzonen sind Ammoniten recht häufig. Vor allem finden sich die schon früher besprochenen Aspidoceraten und Perisphincten. Gerade in diesen Schichten stößt der Sammler auch immer wieder auf gut erhaltene Aptychen, jene gewölbten, abgerundeten, dreieckigen Formen, die schon mancher Sammler mit Muschelklappen verwechselt hat. Hielt man die oft paarweise auftretenden Aptychen bisher für die Deckel von Ammonitengehäusen, so definiert man sie neuerdings als Teile des Kieferapparates (Unterkiefer) der Ammoniten.
Es gibt mehrere Aptychen-Typen. Im Aargauer Jura am häufigsten dürfte *Laevaptychus* sein. Er ist breit, gewölbt und fast halbkreisförmig. Die Außenseite ist fast glatt und punktiert, die Innenseite gestreift. Die Häufigkeit gerade dieser, zu den Aspidoceraten gehörenden Aptychen erklärt sich wohl daraus, daß sie besonders dick und kräftig gebaut sind, im Gegensatz etwa zu den gerippten Lamellaptychen, die den Haploceraten zuzuschreiben sind. Laevaptychen können erhebliche Größen erreichen. Aptychen kommen natürlich auch in anderen Schichten vor, sind dort jedoch nicht so häufig.
Hervorzuheben ist noch der kleine, sehr attraktive Ammonit *Prorasenia crenata,* der in der Nähe von *Rasenia fascigera* steht. Er ist mäßig weitnablig, hat querovalen Windungsquerschnitt und trägt weitstehende, kräftige Rippen, die vom Nabel bis über den Flankenrand reichen. Dort teilen sie sich in jeweils drei schwächere, über den Außenrücken streichende Rippen. *Prorasenia crenata* kommt allerdings nur selten vor und findet sich vor allem im Randengebiet.
Von den Schwämmen der Kimmeridgium-Kalke wollen wir hier einige nennen, obwohl ihre Bestimmung sehr schwer und dem Amateursammler fast unmöglich ist: *Hyalotragos patella* stellt sich als flacher, großer, etwas gewellter Kelch vor, der auf der Unterseite einen kurzen, im Verhältnis zum Kelch eher dünnen Stiel hat. *Craticularia goldfussi* ist ebenfalls flachkelchig, hat jedoch eine wesentlich dickere Wandung und eine gewölbte Unterseite. *Sphenaulax costata* ist eher klein, birnenförmig, mit dicker Wand, die breite Rillen trägt. Der Kelch ist klein und rund, mit wulstigem Rand. Alle diese Schwämme werden sehr häufig gefunden.
Die obersten Schichten des Malm werden durch das Portlandium gebildet. Sie sind fast überall vollständig abgetragen – oder gar nicht abgelagert – und können nur in der Gegend von Schaffhausen und dann wieder ganz im Westen festgestellt werden. Meist handelt es sich um

dünnplattige, gelbliche Kalke. Nur in der Gegend von Genf, am Mont Salève, stößt man auf Kalkriffe mit Korallen aus dem Portlandium. Es ist die Zeit, in der sich das Meer allmählich zurückzog. So sind Fossilien sehr selten. Nur in den untersten Schichten finden sich gelegentlich in das Brackwasser eingeschwemmte Ammoniten.

Fossil-Liste des Malm im Schweizer Jura

Schwämme
Sporadopyle obliqua
Cnemidiastrum rimulosum
Pachyteichisma lopas
Sphenaulax costata
Enaulofungia glomerata
Cylindrophyma milleporata
Hyalotragos patella
Craticularia goldfussi

Korallen
Thamnasteria sp.
Stylina sp.
Montlivaultia (Montlivaltia)
Montlivaultia turbinatum
Discocyathus sp.
Thecosmilia
Isastrea

Würmer
Glomerula gordialis
Serpula tetragona

Foraminiferen
Globigerina oxfordiana

Seesterne
Sphaeraster scutatus
Pentasteria longispina

Schlangensterne
Ophiomusium gagnebini

Seelilien
Eugeniacrinites cariophyllites
Millericrinus sp.
Millericrinus munsterianus
Millericrinus echinatus
Apiocrinites roissyanus

Seeigel
Collyrites (Cardiopelta) capistrata
Collyrites (Cardiopelta) bicordata
Disaster granulosus
Plegiocidaris coronata, Cidaris coronata
Glypticus hieroglyphicus
Paracidaris florigemma
Paracidaris blumenbachi
Pseudodiadema pseudodiadema
Diplopodia aequalis
Diplopodia subangularis
Polydiadema priscum
Hemicidaris crenularis
Hemicidaris intermedia
Pedina sublaevis
Gymnocidaris lestoquii
Hemicidaris thurmanni
Acrocidaris nobilis
Holectypus depressus
Stomechinus perlatus
Pseudocidaris thurmanni

Muscheln
Nucula subspirata
Nucula texata
Pholadomya parcicosta
Pholadomya fidicula
Goniomya
Pleuromya
Diceras arietina
Diceras sanctae verenae

Trigonia suprajurensis
Protocardia banneiana
Lopha semisolitaria
Exogyra virgula

Schnecken
Pleurotomaria jurensis
Nerinea suprajurensis
Nerinea bruntrutana
Nerinea gosae
Nerinea depressa
Nerinea visurgis
Nerinea contorta
Rostellaria bispinosa
Rostellaria spinosa
Natica grandis
Natica haemisphaerica
Ampullina turbiniformis
Pterocera oceani

Brachiopoden
Loboidothyris zieteni
Trigonellina loricata
Trigonellina pectunculus
Juralina humeralis
Juralina insignis
Lacunosella lacunosa
Dictyothyris kurri
Rhynchonella semicostans
Thurmanella thurmanni
Terebratula subsella

Ammoniten
Amoeboceras alternans
Cardioceras cordatum
Cardioceras (Subvertebriceras) densiplicatum
Cardioceras stella
Euaspidoceras perarmatum
Orbignyceras pseudopunctatum
Ochetoceras canaliculatum
Ochetoceras hispidum
Streblites tenuilobatus
Trimarginites arolicus
Orthospinctes colubrinus
Orthospinctes laufenensis
Progeronia triplex
Physodoceras circumspinosum
Physodoceras bispinosum
Rasenia fascigera
Creniceras renggeri
Creniceras dentatum
Quenstedtoceras lamberti
Quenstedtoceras mariae
Hecticoceras hecticum
Peltoceras annulare
Peltoceras athleta
Taramelliceras costatum
Taramelliceras sp.
Glochiceras lingulatum
Prorasenia crenata
Ataxioceras polyplocum
Sphinctoceras inflatum
Phylloceras tatricum

Belemniten
Hibolites hastatus
Hibolites semihastatus

Krebsteile

4.3 Kreide

Nicht nur die obersten Malmschichten (Portlandium) fehlen im östlichen und mittleren Teil des Schweizer Jura fast völlig. Das gleiche gilt auch für kreidezeitliche Ablagerungen. Dieser Umstand legt die Vermutung nahe, daß in dieser Periode der ganze mittlere und östliche Jura Festland war und daß, soweit doch Süß- und Brackwassersedimente abgelagert waren, diese vollständig abgetragen wurden. Nur ganz im

Westen, in der Gegend des Bieler und des Neuenburger Sees sind am Südrand des Juragebirges Sedimente des bis dahin reichenden Kreidemeeres erhalten. Es handelt sich um Flachwasserablagerungen. Sie entstanden in der unteren Kreide, in Valanginium und Hauterivium. Diese Schichten, zusammengefaßt Neocomium genannt, enthalten Schnecken, Muscheln und Seeigel sowie Brachiopoden, während die aus tieferem Wasser stammenden Ammoniten und Belemniten äußerst selten sind.

Über den Formationen des Neocomium liegen die Urgon-Kalke, Riffbildungen, aufgebaut aus dickschaligen Muscheln, Capriniden und Foraminiferen (Orbitolinen). Diese Kalke sind im Val de Travers mit Bitumen angereichert. Über den Kalken liegen sandige Mergel, die meist in den obersten Schichten Ammoniten enthalten. Sie wurden früher häufig gefunden, sind jedoch heute äußerst selten. In der Form weichen sie, typisch für die Kreidezeit, von der gewohnten Spirale ab. Erwähnt seien *Turrilites costatus,* der an Turmschnecken erinnert, und *Turrilites catenatus.* Die U-förmigen Arten von *Hamites,* so etwa *Hamites morloti, Hamites virgulatus* und ähnliche, stehen neben den „konventionellen" Formen von *Douvilleiceras mammilatum* und *Hoplites baylei.*

Auch Belemniten können gefunden werden. So kommt gelegentlich *Belemnitella mucronata* vor, mit einem Rostrum, das im Querschnitt rund ist und ein ebenfalls abgerundetes Ende mit kleiner aufgesetzter Spitze hat. Der Sammler muß sich aber im klaren darüber sein, daß er Funde solcher Ammoniten und Belemniten im Schweizer Jura nur in den seltensten Fällen machen kann.

Häufiger finden sich Mollusken, wie etwa *Cardium (Integricardium) deshayesianum,* eine ziemlich große Muschel, die von der Form her etwa *Protocardia banneiana* aus dem Malm ähnelt. Genannt werden sollen noch aus dem Neocomium *Pecten crassitesta* und *Trigonia caudata.* Unter den Brachiopoden ragt *Rhynchonella multiformis* hervor, die leicht mit *Rhynchonella depressa* verwechselt wird.

Auch Seeigel sind aus den Flachwasserablagerungen der unteren Kreide bekannt. Es handelt sich dabei hauptsächlich um irreguläre Formen. *Holaster intermedius* ist herzförmig. Der Scheitelschild befindet sich auf der Mitte der Oberseite, der After auf dem abfallenden Hinterende. Das vordere Ambulakralfeld liegt in einer tiefen Furche. Auch *Toxaster granosus* ist herzförmig. Die Furche im vorderen Ambulakralfeld ist nur wenig ausgebildet und trägt kleine Warzen. Der Scheitelschild liegt etwa in der Mitte der Oberseite. Die Mundöffnung ist stark nach vorn gerückt, während der After sich am Rand befindet. Die Vorderseite des Gehäuses ist niedrig, das Hinterende höher.

Kreidevorkommen im Schweizer Jura sind also selten. In Dolinen und Spalten finden sich Meeresablagerungen mit Foraminiferen, die aus der oberen Kreide stammen. Ähnliche Großfo-

Oben links: *Ampullina turbiniformis,* oberer Malm, Delsberg; Größe 2,8 cm.

Oben rechts: *Terebratula subsella,* Neuenburger Jura; Größe ca. 3 cm.

Mitte links: *Terebratula praelonga,* Kreide, neocom, La Neuveville; Größe des größeren Exemplares 1,5 cm.

Mitte rechts: *Rhynchonella multiformis,* untere Kreide, Cressier bei Neuenburg; Größe 1,8 cm.

Unten links: *Cardium (Integricardium) deshayesianum,* Kreide, Neuenburg; Größe 7, 5 cm.

Unten rechts: *Hamites morloti,* Kreide, Châtel St. Denis; Länge des Ammoniten 6 cm.

raminiferen trifft man im alpinen Gebiet. Dort sind in den Helvetischen Decken mächtige Kreideschichten, deren Beschreibung aber den Rahmen dieses Buches sprengen würde.

Fossilliste der Kreide im Schweizer Jura

Seeigel
Holaster intermedius
Toxaster granosus

Muscheln
Cardium (Integricardium) deshayesianum
Pecten crassitesta
Trigonia caudata

Brachiopoden
Terebratula praelonga
Rhynchonella multiformis
Rhynchonella depressa

Ammoniten
Turrilites costatus
Turrilites catenatus
Hamites morloti
Hamites virgulatus
Douvilleiceras mammilatum
Hoplites baylei

Belemniten
Belemnitella mucronata

4.4 Tertiär und Quartär

Im Eozän, mit dem das Tertiär beginnt, war der größte Teil des Schweizer Jura Festland. Die Erosion beseitigte die ohnehin geringen Ablagerungen aus der Kreidezeit fast vollständig. Wie schon dargelegt wurde, läßt sich ein tiefgreifender Wandel in der Pflanzen- und Tierwelt feststellen. Nicht nur, daß andere Lebewesen in den Vordergrund traten, es verschwanden einige, wie Ammoniten und Belemniten, ganz.

Im Gebiet des Jura lassen sich nun vereinzelt Süßwasserablagerungen mit fossilen Resten feststellen. Schnecken, wie die Süßwasserbewohnerin *Planorbis pseudoammonius,* heute zur Gattung *Gyraulus* zählend, die man in der Gegend von Aesch im Basel-Land findet, werden häufiger. *Planorbis pseudoammonius* ist ein planspiraler Gastropode mit glatter Schale, der mit seinen Umgängen äußerlich den Ammoniten ähnelt. Säugetiere nehmen nun die Stelle der ausgestorbenen Saurier ein.

Große Bedeutung haben im Neozoikum die Großforaminiferen. Allerdings tritt im Schweizer Jura das Eozän praktisch ganz zurück, so daß wir auf der Suche nach einem Beispiel auf die Nummuliten aus den Voralpengebieten zurückgreifen müssen. Diese Foraminiferen sind wichtige Leitfossilien für das Eozän. Ihre äußere Form brachte ihnen im Volksmund den Namen Münztierchen oder versteinerte Linsen ein, denn sie haben linsen- oder scheibenförmige, planspirale Gehäuse mit vielen Kammern.

Oben links und rechts: Nummulitenkalk, Eozän, Tritt bei Einsiedeln. Die Bilder zeigen angewitterte Nummuliten aus den Nummulitenkalken der nördlichen Voralpen. Bild 2 ist ein Ausschnitt aus Bild 1. Die Breite des Handstückes beträgt 8 cm.

Mitte links: Nummulit im Querschnitt, Eozän; Durchmesser 1,4 cm. Die Kammerung der Großforaminifere ist deutlich zu erkennen.

Mitte rechts: *Conoclypeus conoides,* Eozän, Nummelitenkalke vom Tritt bei Einsiedeln; Durchmesser 6,5 cm.

Unten links: *Gyraulus pseudoammonius,* Eozän, Aesch bei Basel; Durchmesser 2,4 cm.

Unten rechts: *Ostrea cyathula,* Miozän, Quarzsandgrube Benken bei Schaffhausen; Länge 11,5 cm.

Diese Nummuliten treten oft gesteinsbildend auf. *Nummulites complanatus,* scheibenförmig, und *Nummulites perforatus,* eher linsenförmig, sind wohl die wichtigsten.
In den Nummulitenkalken treffen wir auch auf den Seeigel *Conoclypeus conoides,* der ziemlich groß werden kann. Er zählt zu den irregulären Formen, ist hochgewölbt, läuft oben oft fast spitz zu und hat eine flache Unterseite, die von der Oberseite ziemlich scharf abgesetzt ist. Die Porenreihen verlaufen nach unten allmählich.
Das Tertiär des Schweizer Jura kennzeichnet ein mehrfacher Wechsel zwischen Land und Meer. Wir haben im geologischen Teil erwähnt, daß durch die sogenannte Rauracische Senke Foraminiferen aus dem alpinen Raum bis gegen Mainz verfrachtet wurden. In der unteren Meeresmolasse dieser Zeit finden wir im Vorgebiet des Jura, etwa bei Benken (ZH) die Muscheln *Ostrea cyathula* sowie *Ostrea callifera* und weitere Vertreter der Austern. Hinzu kommen Schnecken, insbesondere der Gattung *Cerithium.*
Im oberen Oligozän wird erneut vorwiegend Landfauna beziehungsweise Süßwasserfauna angetroffen. In dieser unteren Süßwassermolasse, die bis ins Miozän reicht, herrschen in sandigen Ablagerungen Pflanzenfossilien, wie Blattreste von *Cinnamomum* (Zimtbaum), vor. Die Süßwasserkalke enthalten vorwiegend Wasserschnecken, wie *Planorbis cornu,* der schon beschriebenen *Planorbis pseudoammonius* ähnlich, jedoch mit leicht gerippter Schale. *Plebecula ramondi,* auch als *Helix ramondi* bekannt, gilt als Leitfossil für das obere Oligozän. Sie ist der später auftretenden *Cepaea silvana* nicht unähnlich, hat jedoch ein etwas höheres Gehäuse, das in eine leichte Spitze ausläuft.
Die obere Meeresmolasse im Miozän bringt erneut Meeresfauna. Auch jetzt herrschen Schnecken vor. *Turritella turris,* im beschriebenen Gebiet selten, wird in Süddeutschland, etwa bei Ermingen (Erminger Turritellenplatte) oft massenhaft gefunden. In sandigen Sedimenten, so am Südhang der Lägern, sind Haizähne nicht selten. Sie stammen von Vertretern der Gattung *Odontaspis,* vorwiegend *Odontaspis cuspidata,* und sind, da sie in Originalerhaltung vorliegen, sehr beliebte Sammelobjekte. Wesentlich seltener sind Zähne des Riesenhais *Carcharodon.*
In der Zeit des obersten Miozän, als das Meer erneut zurückwich, bestimmen wiederum Süßwassersedimente das Bild. An Pflanzen treffen wir Ahorn (Acer) und Eiche (Quercus). Die Landschnecke *Cepaea silvana,* die früher *Helix silvestrina* genannt wurde, ist Leitfossil. Diese Schnecke, unseren heutigen Gartenschnecken sehr ähnlich, ist etwas flacher als die schon beschriebene *Plebecula ramondi.*
Jetzt treten auch mehr und mehr die Säugetiere in den Vordergrund. Der Sammler wird allerdings im allgemeinen kaum Reste dieser Fauna finden. Es soll jedoch, weil es sich um bedeutungsvolle Funde handelt, das Mastodon erwähnt werden, von dem sehr gut erhaltene Schädel im Museum von Winterthur zu sehen sind. Auch an der Lägern wurden vor Jahren interessante Säugetierreste gefunden.
Nur als Kuriosität wollen wir auch das berühmt gewordene „Beingerüst eines in der Sündflut ertrunkenen Menschen“ erwähnen (gefunden bei Öhningen), das der bekannte Zürcher Naturforscher und Arzt Joh. Jakob Scheuchzer (1672–1733) im Jahr 1726 beschrieben hat. Der französische Paläontologe Cuvier „entlarvte“ dieses Fossil später als Skelett eines Riesensalamanders.
Das Quartär, bestimmt durch die Eiszeiten und das Auftreten des Menschen, ist für den Fossiliensammler im Schweizer Jura ohne große Bedeutung. Zwar werden dann und wann auch aus

Oben links: Zahn von *Odontaspis cuspidata,* Miozän, obere Meeresmolasse, Boppelsen, Lägern; Länge 2 cm.

Oben rechts: *Cinnamomum* (Zimtbaum), Miozän, Süßwassermolasse aus dem Sandsteinbruch von Ebnat-Kappel; Länge 6 cm.

Unten links: *Cepaea silvana,* oberes Miozän, *Silvana*-Schichten, Basel-Land; Durchmesser 1 cm.

Unten rechts: *Fagus* (Buchen), Quartär – rezent. Das als Abdruck im Süßwasserkalk fossilierte Blatt aus einem Bachbett bei Zürich mag als Beispiel für eine rasche Einbettung dienen. Das Fossil ist nur wenige Jahre alt. Breite der Platte 12 cm.

Oben und unten: Zähne von *Ursus spelaeus*, Quartär. Das untere Exemplar mißt 11 cm.

dieser Zeit sehr interessante Funde gemacht, denkt man etwa an Reste vom Mammut *Elephas primigenius* oder vom Riesenhirsch *Cervus giganteus*. Doch sind solche Zufallstreffer einem Amateursammler meistens nicht vergönnt. Immerhin können gelegentlich, etwa in Höhlen, insbesondere im französischen Teil des Jura, Zähne und Knochen des Höhlenbären *Ursus spelaeus* zum Vorschein kommen. Pflanzenfossilien aus der jüngsten Vergangenheit, so im Süßwasserkalk von Bächen, sind sehr häufig, werden von den meisten Sammlern jedoch nicht beachtet. Eine unserer Abbildungen zeigt eine solche „Versteinerung", ein Buchenblatt (Fagus), das erst vor wenigen Jahren eingebettet wurde. Es sind sogar noch Reste des Originalblattes vorhanden. Das Beispiel mag zeigen, daß die Vorgänge der Fossilisation auch heute ablaufen.

Fossilliste des Tertiär und Quartär im Schweizer Jura

Pflanzen
Cinnamomum sp. (Zimtbaum)
Salix angusta (Weide)
Quercus (Eiche)
Acer trilobatum (Ahorn)
Fagus (Buche)

Foraminiferen
Nummulites complanatus
Nummulites perforatus

Seeigel
Conoclypeus conoides

Muscheln
Ostrea cyathula
Ostrea callifera

Schnecken
Gyraulus pseudoammonius
Gyraulus cornu
Cerithium cordieri
Cerithium pleurotomoides
Plebecula ramondi
Cepaea silvana, früher *Helix silvestrina* oder *sylvana*
Turritella turris

Fische
Odontaspis cuspidata, früher *Lamna cuspidata*
Carcharodon megalodon

Säugetiere
Mastodon angustidens
Cervus giganteus
Ursus spelaeus
Elephas primigenius

5 Einige Fundstellen im Schweizer Jura

Trotz gewisser Bedenken, wie sie im Kapitel 8 etwas näher erläutert sind, sollen nachstehend eine Anzahl klassischer Fundstellen im Schweizer Jura aufgeführt werden.

5.1 Fricktal

Hier befinden sich zwei für die Paläontologen in der Schweiz wichtige Plätze, die natürlich auch dem Sammler einiges zu bieten haben. Am Ausgang des Fricktales, kurz bevor es in das Rheintal einmündet, liegt auf dem Gebiet der Gemeinde Frick die Ziegeleitongrube Frick, die zum Bereich des Tafeljura gehört. Diese Grube ist von ganz besonderem Interesse, weil hier, für die Schweiz einmalig, die Schichten vom Keuper bis zu den Obtusus-Tonen im oberen Sinemurium des Lias aufgeschlossen sind. An dieser Stelle wurde, wie schon erwähnt, der *Plateosaurus quenstedti* gefunden. Mit etwas Glück kann der Sammler hier Muscheln, Reste von Echinodermen, Schnecken, Ammoniten, Belemniten usw. aus dem unteren Lias finden. Der ebenfalls aufgeschlossene Keuper ist praktisch fossilleer.
Das heute geschlossene Bergwerk Herznach war eine der ergiebigsten Fundstellen, vor allem für Ammoniten. Es hat die Stufen vom Callovium im Dogger über das Oxfordium (Grenze Dogger – Malm) bis zum Argovium (Birmenstorfer Schichten) erschlossen. Allerdings ist zu sagen, daß es seit der Schließung des Bergwerks praktisch kein neues Material mehr gibt. Auch einer wissenschaftlichen Arbeitsgruppe, die noch über Jahre nach der Schließung des Bergwerks in den Stollen tätig war, wurde vor einigen Jahren der Zutritt endgültig gesperrt, da Einsturzgefahr besteht.
Dem Sammler steht die Abraumhalde offen, auf der er auch heute noch gute Funde machen kann. Die Fossilien sind klein, aber zumeist gut erhalten. Einige Klopfarbeit ist natürlich nötig. Zudem bietet die weitere Umgebung dem aufmerksamen Beobachter die Aussicht, weitere Aufschlüsse zu finden.

5.2 Randengebiet

Das weite Gebiet des Randens ist immer wieder interessant. Im Wutachgebiet sind die Schichten vom unteren Lias bis zum Malm erschlossen. In der Gegend von Aselfingen im Wutachtal finden sich Arieten-Schichten und in ihnen vor allem die *Gryphaea arcuata*. Daneben sind Brachiopoden nicht selten. Dazu kommen natürlich Ammoniten der Formengruppe der Arieten.
Nicht weit davon treten im Tal des Aubächles im oberen Lias Belemniten massenhaft auf, und darüber liegen dann die Opalinustone des

Oben: Bergwerk Herznach (Kanton Aargau), alter Abfüllturm. Im Hintergrund das Dorf Herznach.

Unten: Abraumhalde des Bergwerkes Herznach.

Dogger. Steigt man hinauf in das geköpfte Hochtal von Blumberg, gelangt man etwa östlich der Stadt zum ehemaligen Erzbergwerk bei Blumberg. Das Werk ist seit dem Zweiten Weltkrieg geschlossen und bietet keine Fundmöglichkeit mehr, doch sind an den beidseitigen Talhängen immer schöne Fossilien zu finden. Am Westhang des nördlich von Blumberg gelegenen Eichberges sind durch einen Erdrutsch Schichtfolgen des unteren und mittleren Doggers freigelegt.*
Die Randenhöhen im schweizerischen Teil des Gebietes, etwa bei Merishausen, lassen vielfältige Ackerfunde aus dem Malm erwarten, und auch am Hallauer Berg sind Aufschlüsse zu finden.

5.3 Mellikon

Eine interessante Fundstelle ist der große Steinbruch der Schweizerischen Sodawerke bei Mellikon, der Schichten des Oberen Jura aufschließt. Hier kann der Sammler Reste von Seelilien, besonders von *Eugeniacrinites* finden, braucht dazu allerdings Geduld und gute Augen, da im Gegensatz zu den oft massenhaft vorliegenden Stielgliedern die Kelche eher selten und zudem sehr klein sind. Die Ammoniten sind meist nicht allzu gut erhalten. Was der Fundstelle aber den besonderen Reiz gibt, sind die Seeigel aus der Formengruppe *Cidaris,* hauptsächlich *Plegiocidaris coronata,* von denen Stacheln und einzelne Plättchen häufig, ganze Exemplare allerdings selten angetroffen werden. Leider haben unvernünftige Sammler mehrfach unverantwortlich gehaust und die Arbeitsbaracken der Steinbrucharbeiter aufgebrochen oder sind während Sprengarbeiten in die oberen Teile des Bruches eingestiegen. Wer heute in Mellikon sammeln will, tut gut daran, sich eine Bewilligung zu verschaffen, will er nicht erhebliche Geldstrafen in Kauf nehmen.

5.4 Lägern

Beliebte Fundstellen, vor allem für Sammler aus dem nahe gelegenen Zürich, sind die Malmsteinbrüche der Lägern bei Dielsdorf. Gefunden werden Brachiopoden, Muscheln, Belemniten und Ammoniten sowie verschiedene Seeigel. Für die Lägernsteinbrüche gilt, was schon für Mellikon gesagt wurde: Es ist unbedingt eine Bewilligung einzuholen.

5.5 Mönthal

Im Gebiet des Mönthals, seit langem bekannt durch seine in schönen Exemplaren anzutreffenden Trigonien, Brachiopoden, Ammoniten, Schwämme usw. vorwiegend aus den Birmenstorfer Schichten, ist das Sammeln in den letzten Jahren durch gewissenlose, geschäftstüchtige Sammler in Verruf geraten, die sich nicht scheuten, der an einem Waldrand gelege-

* An verschiedenen Stellen im Wutachgebiet, z. B. in einem Arieten-Kalksteinbruch an der Straße nahe der Wutachmühle und am Eichbergrutsch, sind neuerdings Klopfstellen für Sammler geöffnet worden. Sonst herrscht jetzt dort allgemeines Grabungsverbot.

Oben: Opalinustongrube am Unteren Hauenstein. Über dem Opalinuston sind fossilhaltige Schichten des unteren Hauptrogensteins sichtbar.

Unten: Hasenburg im Birstal. Fundstelle in den Caquerelle-Schichten.

nen Trigonien-Fundstelle des oberen Dogger, an der auch viele Seeigel zu finden sind, mit Sprengstoff zu Leibe zu rücken und sie so zu zerstören.
Dies hat zu einem absoluten Verbot für Grabungen geführt. Der Sammler, der hier dennoch tätig sein will – Ackerfunde usw. –, tut gut daran, keinerlei Werkzeug mitzuführen. Er kann auch ohne Graben Erfolg haben.

5.6 Laufental

Hier befinden sich zwei klassische Fossilfundstellen: das Fringeli bei Bärschwil und die Tongruben von Liesberg. Beim Fringeli sind heute gute Funde kaum möglich, weil kein Abbau erfolgt, also neues Fossilmaterial nicht mehr anfällt. Anders bei den Tongruben von Liesberg, wo die Renggeri-Tone zur Zementgewinnung auch jetzt noch abgebaut werden. Erschlossen sind hier Schichten des Callovium, Oxfordium bis zum Rauracium, d. h. *Macrocephalus-, Athleta-, Renggeri-*Schichten bis zu den Liesberg-Schichten. Insbesondere die obere Grube ermöglicht, trotz starken Besuchs durch Sammler, immer wieder gute Funde, die zudem sehr vielfältig sind: Ammoniten, Belemniten, Muscheln, Brachiopoden, Gastropoden, Seelilien, Schwämme, Korallen, Seeigel, also ein breites Spektrum. Für den Sammler angenehm ist, daß er hier unbehelligt auch graben darf. Es empfiehlt sich, gute Gummistiefel zu tragen, da die Tone bei Nässe zu zähflüssigem Schlamm werden, aus dem schon mancher seine liebe Not hatte, wieder herauszukommen. Steckengebliebene Stiefel zeugen von mehr oder weniger dramatischen Befreiungsaktionen. Als Erinnerung sind solche Episoden jedoch wertvoll, und manches Fossil aus Liesberg ist eng verknüpft mit amüsanten Erlebnissen.

Eine weitere Fundstelle in den kreidigen Kalken des oberen Rauracium (Caquerelle-Schichten) bei Hasenburg ist heute gesperrt, da auch hier unvernünftige Sammelwut großen Geländeschaden angerichtet hat.

5.7 St. Ursanne

Oberhalb dieses sehenswerten Jurastädtchens finden wir ein Korallenriff, das durch die dortigen Steinbrüche aufgeschlossen wurde (oberes Rauracium). Die Bauten des Zementwerkes verdecken die Fundstelle leider weitgehend, so daß der Sammler große Mühe hat, überhaupt noch auf seine Rechnung zu kommen. Zu finden sind hier verschiedene Korallen mit der für Korallenriffe typischen Begleitfauna.

5.8 Cornol im Gebiet von Pruntrut

In diesem Gebiet kann der fortgeschrittene Sammler hervorragende Ammoniten aus dem mittleren Dogger finden. Allerdings muß er, da kaum Abbau erfolgt, sich um natürliche Aufschlüsse bemühen.

5.9 Solothurn (Weißenstein)

Hier wurden die berühmten Solothurner Schildkröten gefunden, die im Museum der Stadt zu sehen sind. Eine spezielle Fundstelle kann hier jedoch nicht angegeben werden. Ausschachtungen für Bauten und Straßen ver-

Oben: St. Ursanne im Doubstal mit den kreidigen Kalkbänken und Korallenriffen im Hintergrund über dem Städtchen.

Unten: Ein Teil des Korallenriffs (Rauracium).

heißen jedoch Zufallstreffer. Am Weißenstein haben einige Sammler aus jener Gegend auch ausgezeichnet erhaltene Seesterne *(Pentasteria longispina)* entdeckt, die für den Schweizer Jura wohl einmalig sind. Sie stammen aus den Effinger Schichten des unteren Malm. Beschrieben hat sie der Basler Spezialist für fossile Echinodermen, Hans Hess. Verständlicherweise geben die Finder dieser Kostbarkeiten ihre Fundstelle nicht bekannt.

5.10 Pontarlier

Östlich und südöstlich der Stadt haben wir im Plateaujura eine Anzahl, meist kleiner Fundstellen, die etwa den Renggeri-Tonen in Liesberg entsprechen. Hier gilt es, aufmerksam die Gegend zu durchstreifen und sich Erdrutsche, Bachbette und Wegränder genauer anzusehen. Zu finden sind meist kleine pyritisierte Ammoniten in guter Erhaltung.

5.11 La Neuveville

Oberhalb dieses Städtchens, an den Hängen, die hier im Gebiet der Kreide liegen, lassen sich Funde, vor allem von Muscheln, tätigen. Es gilt dabei, kleinere Steinbrüche, Rutsche und Wegeinschnitte aufzusuchen.

6 Die wirtschaftliche Bedeutung der Juragesteine

Die Schweiz ist eines der rohstoffärmsten Länder der Erde. Und trotzdem, wenn man nicht nur die Förderstatistiken der bekannteren Bodenschätze, wie Kohle, Eisenerze, Uranerze, Erdöl und Erdgas, studiert, entdeckt man plötzlich, daß auch aus dem Schweizer Boden etliches zu holen ist. Auch das Gebiet des Schweizer Jura enthält Rohstoffe für verschiedene Wirtschaftszweige. Mit Ausnahme des Eisenerzes, dessen Gewinnung und Verarbeitung auf schweizerischem Gebiet der Geschichte angehören, werden alle in diesem Kapitel erwähnten Rohstoffe noch heute abgebaut.

6.1 Eisenerz

Im Abschnitt über die Geologie wurde kurz auf die Entstehung der Bohnerze im jurassischen Raume eingegangen. Sie wurden schon im Mittelalter gewonnen und verarbeitet. So weiß man, daß am Hochrhein, in der Nähe des Rheinfalles, im Berner und Solothurner Jura eine primitive Eisenindustrie bestand. Teilweise kann Eisengewinnung sogar schon durch die Römer, beispielsweise im Raume Wölflinswil – Herznach im Kanton Aargau, nachgewiesen werden. Allerdings verarbeitete man nicht Bohnerze, sondern die Eisenoolithe des Dogger.

Die gleichen Erze, die in Herznach abgebaut wurden, gewann man eine Zeitlang auch in Blumberg an der deutsch-schweizerischen Grenze. Das Bergwerk Herznach wurde erst im Jahre 1967 endgültig geschlossen, sehr zum Leidwesen der Fossiliensammler, denn seitdem kommt kein neues, fossilhaltiges Material mehr auf die Abraumhalde.

Bohnerze wurden an vielen Stellen im Jura abgebaut und verhüttet. Im Delsberger Becken und im Dünnerntal (dem Thal) waren es Nester und Linsen bis zu 2 m Mächtigkeit. Der Gehalt an reinem Eisen schwankt zwischen 40 und 50 Prozent. Üblich waren Tagbau und Stollenvortrieb. Das geförderte Erz wurde gewaschen und im Hochofen ausgeschmolzen. Die Hochöfen wurden mit Holzkohle aus den Jurawäldern geheizt.

In Reuchenette, nördlich von Biel, wurde schon zwischen 1654 und 1696 ein Eisenwerk betrieben. Der Höhepunkt der Eisengewinnung aus Bohnerz lag im 19. Jahrhundert. Erwähnen wir die Werke von Undervelier (1626–1879) und Bellefontaine (bis 1863), diejenigen von Gänsbrunnen (1804–1845) und Klus (1812–1869). Alle stellten so um die Mitte des 19. Jahrhunderts den Betrieb ein, weil sie mit dem billigen, mit Hilfe von Koks verhütteten Eisen aus dem Ausland nicht mehr konkurrieren konnten. Nur einige wenige Betriebe haben sich in die heutige Zeit hineingerettet. Zum Beispiel die 1846 in Choindez von Ludwig von Roll gegründeten Eisenwerke, in denen bis 1927 Bohnerze im letzten schweizerischen Hochofen verhüttet wurden.

Heute werden keine einheimischen Erze mehr verarbeitet, doch liefern die riesigen Mengen

an Schrott genügend Rohmaterial für eine bedeutende Eisenindustrie.
Verglichen mit heutigen Zahlen, nehmen sich die Abbaumengen der damaligen Zeit recht bescheiden aus. So wurden beispielsweise in Gänsbrunnen und Klus zusammen im angegebenen Betriebszeitraum ca. 100 000 t Bohnerz verhüttet. Man nimmt an, daß der noch vorhandene Vorrat ca. 2 Millionen Tonnen ausmacht. In den Rollschen Werken in Choindez waren es ca. 1,5 Millionen Tonnen, wobei der Vorrat auf ca. 2,5 Millionen Tonnen geschätzt wird.

6.2 Zementindustrie

Schon in vorchristlicher Zeit war der Kalkstein als Baumaterial begehrt. In speziellen Kalköfen wurde der Kalk, $CaCO_3$, zu CaO gebrannt. Mischte man diesen gebrannten Kalk mit Wasser, erhielt man Kalkmörtel, der an der Luft trocknete und hart wurde.
Für die Herstellung von Zement, der den gebrannten Kalk abgelöst hat, verwendet man ungefähr zwei Drittel Kalkstein, ein Drittel Tonmergel und etwas Rohgips. Natürlich variiert die Zusammensetzung von Zementsorte zu Zementsorte. Der Kalkstein sollte einen möglichst hohen Anteil an Kalk haben. Vor allem die mehr oder weniger pelagischen Kalke und Mergelkalke der Effinger Schichten im Argovium des Malm, aber auch die Schichten des Kimmeridgium erfüllen diese Bedingung.
Das Rohmaterial, mit Hilfe von Seilbähnchen oder Förderbändern oft über weite Distanzen zur Fabrik befördert, wird gebrochen, gemahlen und dann mit den anderen Substanzen vermischt. Dann wird es bei 1450° C bis zum Sintern gebrannt. Anschließend muß die steinharte Masse nur noch gebrochen und pulverisiert werden, und der Zement ist fertig.
Zementfabriken gibt es vor allem am Rande des Jura. Das Rohmaterial ist leicht erreichbar und der Anschluß ans Verkehrsnetz gewährleistet. In den letzten Jahrzehnten stieg der Bedarf an Zement gewaltig, so daß auch diese Branche gezwungen wurde zu automatisieren. Zu erwähnen ist noch, daß sich der immer größer werdende Rohstoffbedarf dieses Industriezweiges nicht immer mit den Forderungen des Natur- und Landschaftsschutzes unter einen Hut bringen läßt. Es ist nur zu verständlich, daß die Bevölkerung einer Region es nicht gerne sieht, wenn ganze Kuppen eines Juraberges ausgehöhlt oder abgetragen werden.

6.3 Asphalt

Im Kapitel Geologie wurde auf die Urgon-Kalke in der westjurassischen Kreide hingewiesen. Im Jahre 1711 fand der griechische Gelehrte Eirini d'Eyrinis anläßlich eines Ausfluges ins Val Travers Naturasphalt. Er entsteht ähnlich wie Erdöl. Die Kohlenwasserstoffe werden aber nicht in einer sogenannten Erdölfalle gefangen, sondern gelangen in die Nähe oder sogar an die Oberfläche. Dort entweichen in einem natürlichen Destillationsvorgang die leichtflüchtigen Bestandteile; die schweren bleiben zurück. Nach weiteren chemischen Einwirkungen (Oxidation, Reaktion mit schwefel- und kohlensauren Lösungen und Entgasung) auf das schwere Erdöl bildet sich der Naturasphalt.
Bei La Presta im Val Travers, rechte Talseite, wird nun seit 1838 regelmäßig Asphalt gewonnen. Es war Philippe Suchard, der Gründer der gleichnamigen Schokoladenfabrik, der die nach dem Tode d'Eyrinis in Vergessenheit geratene Mine wieder zum Leben erweckte. 1873 wurde die Neuchâtel Asphalte Co. (NACO) gegründet. Vor allem vor dem Ersten Weltkrieg erlebte die Asphaltproduktion ihre Blüte-

zeit. Über 53 000 Tonnen wurden gewonnen und zum Teil sogar ins Ausland exportiert. Heute beschränkt sich der Absatz ausschließlich auf die Schweiz.
Das Gestein wird in Stollen unter Tage abgebaut. Die Mächtigkeit der asphaltführenden Schichten beträgt ein bis vier Meter. Das geförderte Material wird gebrochen und in mehreren Stufen zu feinem Sand zerkleinert. Für Stampfasphaltbeläge war der Naturasphalt bereits in diesem Zustand verwendbar. Heute wird der größte Teil (ca. 90%) des anfallenden Rohmaterials in speziellen Aufbereitungsanlagen zu heißem Gußasphalt gemischt, der direkt an die Baustellen abgegeben wird. Der Rest wird im Val Travers selbst in sechseckige sogenannte Mastixblöcke von ca. 25 kg Gewicht gegossen. Diese werden dann auf der Baustelle in Standkochern erhitzt und aufgeschmolzen. Besonders auf ländlichen Baustellen findet man diese etwas veraltete Methode auch heute noch. Asphalt wird als Straßenbelag, Bodenbelag und vor allem zur Abdichtung von Flachdächern etc. verwendet.

6.4 Ziegeleien

Schon früh wurden die tonhaltigen Schichten des Juragebirges zur Herstellung von Backsteinen und Ziegeln ausgebeutet. Einerseits sind es die mergeligen, tonigen Schichten des Aalenium (Opalinus-Tone) und andererseits die Lehmhorizonte, die durch Verwitterung des Löß und durch glaziale Ablagerungen entstanden sind. Manchmal schlägt sich der Lehmreichtum sogar im Namen nieder, wie zum Beispiel beim basellandischen Leimental.
Vom Neuenburger Jura bis in den Aargauer Jura sind Backsteinfabriken und Ziegeleien in großer Zahl anzutreffen. Nach dem Reinigen und Formen des Rohmaterials, was heutzutage praktisch überall automatisch geschieht, wird das Produkt in Brennöfen gebrannt.
Nicht vergessen wollen wir die zahlreichen Töpfereien, die ebenfalls jurassischen Ton verwenden. Vor allem einige Gebiete der Ajoie (siehe Kapitel 2.2) sind für ihre Produkte bekannt.

6.5 Steine

Steinbrüche dürfen im ganzen Jura geradezu als spezifisches Landschaftsmerkmal gelten. Aber nicht nur die Zementfabriken holen daraus ihr Rohmaterial. Schon die Römer gewannen die Kalksteine für ihre Gebäude aus dem Jura. Schöne Beispiele sind Augusta Raurica, das heutige Augst, und Vindonissa, heute Windisch. Auch im Zeitalter moderner Baustoffe werden noch Natursteine verwendet. Allerdings nicht mehr so häufig wie vor hundert Jahren, als man die Mehrzahl der Häuser aus dem Material herstellte, das die Natur in Hülle und Fülle lieferte, dem Kalkstein. Auch Brunnentröge und Brunnenstöcke sind oft in Kalkstein gehauen und bereichern manches Juradorf.
Heute werden die Gesteine der Muschelkalkschichten, aber auch der Kalkschichten im Malm vor allem für Stützmauern gebraucht. Man hat eingesehen, daß sich eine Mauer aus natürlichem Material besser in die Landschaft einfügt als eine kalte Betonmauer. Aber auch die Bildhauer haben die jurassischen Gesteine entdeckt. Mancher mit viel Liebe und Können behauene Kalkstein schmückt ein Grab, einen Dorfplatz oder den Eingang zu einem Gemeindehaus.
Die bankigen Kalke werden aber auch zerkleinert und in Form von Schotter und Kies als Straßenbelag in Feld und Flur verwendet.

6.6 Torf

Torf ist zwar, genaugenommen, noch kein Gestein. Aber immerhin, aus Torf wird im Laufe der Jahrmillionen unter gewissen Umständen einmal Braun- und später Steinkohle. An einigen wenigen Stellen wird im Schweizer Jura Torf abgebaut. Und dort bedeutet für die Bauern das Torfgeschäft ein willkommener Nebenverdienst. Besonders schön ist die Gewinnung von Torf heute noch im Vallée de La Sagne et des Ponts im Neuenburger Jura zu sehen. Wurde Torf früher fast ausschließlich als Brennmaterial genutzt, so dient er heute in Form von Torfmull zur Bodenverbesserung im Gartenbau oder als Rohmaterial für Isolierplatten. Der Naturfreund sieht es natürlich nicht gerne, wenn ausgedehnte, reizvolle Moorgebiete in kurzer Zeit durch den Abbau von Torf zerstört werden. Besonders in neuester Zeit setzt man vermehrt Maschinen ein, so daß sich das Abbautempo beschleunigt.

6.7 Gips

An etlichen Stellen im Jura wird auch Gips abgebaut, den vor allem die Zementwerke als Zuschlagstoff bei der Zementfabrikation benötigen. Früher diente Gips auch als Dünger.
In den jurassischen Gipsbrüchen ist es meist der wasserfreie Gips, der Anhydrit, $CaSO_4$, der ausgebeutet wird. Ähnlich wie Kalk wird Gips gebrannt und zum Verarbeiten mit Wasser vermischt. Besonders der Stuckgips, der beim Brennen nur ca. 180° C verlangt, erhärtet rasch und muß deshalb schnell verarbeitet werden. Gips, besonders der feinkörnige, wird auch als Modell- oder Formgips im Kunstgewerbe oder in der Modellgießerei verwendet.

6.8 Salz

Wie im Kapitel 3.1 erwähnt, sind die Salzlager entlang des Rheins während einer Regressionsphase des Meeres im Muschelkalk entstanden. Die Salzlager, die aus Kochsalz, also NaCl, bestehen, finden sich von Rekingen bis in die Gegend von Basel. Man bohrt sie an und pumpt Wasser in die salzhaltigen Schichten, das dann das Salz auflöst. Es entsteht Sole, die man wieder an die Oberfläche pumpt. In einem mehrstufigen Verfahren (Reinigen, Verdampfen, Zentrifugieren) gewinnt man schließlich das Kochsalz.
Die Sole wird aber auch in den Bädern (Solbädern) zu Heilzwecken angewendet, so zum Beispiel in Rheinfelden. In Zurzach produziert man Soda, $NaCO_3$, aus dem Salz, dem Schatz in der Tiefe.

6.9 Glas

Les Verrières an der französischen Grenze hat seinen Namen vom Wort Verrerie (Glashütte) erhalten. Vielerorts wurden die Huppersande, die sich im Tertiär in den Kalktaschen ansammelten, zur Glasherstellung verwendet. Die Glasöfen heizte man mit aus den jurassischen Wäldern gewonnener Holzkohle. Auch im Birs- und Doubstal waren viele kleine Betriebe ansässig. Als die Holzpreise zu hoch wurden, bezog man zur Feuerung der Öfen Steinkohle aus dem Ausland, die aber auch sehr teuer ist. Viele Betriebe gingen deshalb ein, und auch die verbliebenen Glashütten haben heute trotz recht guter Marktlage – auch kunstvoll hergestelltes Glas wird wieder verlangt – einen schweren Stand.

6.10 Mineralquellen

Zu den Bodenschätzen im weiteren Sinne zählt auch das Wasser, besonders wenn es mit Mineralstoffen angereichert ist. Und Mineralquellen gibt es im Jura viele, wobei sie sich interessanterweise im nordöstlichen Jura konzentrieren. Die Quellen waren zum Teil schon den Römern bekannt. So z. B. vor allem das berühmte Aquae am Fuße der Lägern, das heutige Baden. Aber auch im solothurnischen Lostorf haben sich römische Bürger schon „zur Kur" begeben. Lostorf ist übrigens eine der radioaktivsten Quellen der Schweiz.

Vereinfacht gesagt, sind es eigentlich vier Wassertypen, die im und um den Jura als Heilbäder oder in Form von Tafelwässern ausgenützt werden. In Meltingen (Kt. Solothurn) und Eptingen (Kt. Basel-Land) zum Beispiel sind es Quellen mit starkem Kohlendioxidgehalt. Wenn man in solchem Wasser badet, bilden sich auf der Haut Bläschen, die die Durchblutung fördern. Einerseits ist es die Wärmewirkung und andererseits die Aufnahme von CO_2 direkt durch die Haut, die diesen Effekt hervorrufen. Das Wasser dieser beiden Quellen wird jedoch vorwiegend als Tafelwasser verkauft, entweder natur oder mit verschiedenen Fruchtaromen angereichert.

Daneben existieren Quellen, die stark mit Bittersalz, $MgSO_4$, angereichert sind. So wurde z. B. eine solche bis vor wenigen Jahren in Birmenstorf (Kt. Aargau) angezapft. Ihr Wasser soll gegen Verstopfung sowie Leber- und Gallenleiden wirken.

Die bereits erwähnten Orte Baden und Lostorf liefern gipshaltiges Wasser. In Lostorf war bis 1830 nur diese Quelle bekannt. Dann wurde eine Kochsalz-Schwefel-Quelle, ähnlich der in Baden, gefunden. Gipshaltiges Wasser eignet sich sehr gut gegen chronische Hautleiden.

Am bekanntesten sind eindeutig die meist warmen Schwefelquellen Lostorf, Baden und natürlich Schinznach-Bad. Ihr Wasser enthält einen hohen Anteil an Schwefelwasserstoff, H_2S. Gegen Stoffwechselkrankheiten empfiehlt sich eine Trinkkur. Von Rheuma geplagte Menschen suchen in einer Badekur Heilung. Alle drei Bäder sind modern eingerichtet. In Schinznach z. B. steht sogar ein Freiluftbassin zur Verfügung. Besonders im Winter ist es reizvoll, sich im 34° C warmen Wasser zu tummeln, während rundherum verschneite Bäume und Sträucher stehen.

1955 wurde auch in Zurzach (Kt. Aargau) eine Quelle neu erbohrt. Das 40° C warme Wasser enthält Natriumsulfat, Hydrogenkarbonat, Chloride und andere Bestandteile. Es kommt aus einer Tiefe von 430 m.

Alle diese Quellen erhalten ihre Mineralbestandteile durch chemische Lösungsvorgänge im Erdinnern. Das Regenwasser sickert durch Klüfte, Spalten und Poren und reichert sich mit den erwähnten Mineralstoffen an. Warmwasserquellen stammen meistens aus den etwas tiefer liegenden Muschelkalkschichten. Sie werden durch die Erdwärme auf ihre zum Teil recht hohen Temperaturen (Baden: 47° C) gebracht.

Diese Aufzählung der Mineralquellen erhebt keinen Anspruch auf Vollständigkeit. Es gibt z. B. eine ganze Reihe von Brunnen, die früher eine Bedeutung hatten, wie etwa das jodhaltige Wasser von Wildegg, heute jedoch nicht mehr genutzt werden.

7 Die Verantwortung des Menschen

7.1 Allgemeines

Rund drei Milliarden Jahre Lebensgeschichte liegen hinter uns. So weit reichen die ersten Lebensspuren zurück. Verglichen damit, ist die Geschichte der Menschheit jung. Zwei bis drei Millionen Jahre seit den ersten Anfängen des *Homo sapiens,* wenige tausend, bestenfalls einige zehntausend Jahre Kulturgeschichte, sind eine kurze Zeitspanne, gemessen an der Erdgeschichte. Die Erde hat in den vergangenen Jahrmillionen gewaltige Veränderungen durchmachen müssen, bis auch nur die Voraussetzungen für den Beginn von Leben geschaffen waren. Und danach vergingen und entstanden neue Kontinente und Meere, erhoben sich Gebirge und wurden durch Erosion wieder abgetragen. Und das Klima wechselte im Lauf der Erdgeschichte mehr als einmal. Jede Epoche hinterließ ihre Spuren. Reste einstiger Pflanzen und Tiere geben Zeugnis von vergangenen Lebensformen. Die Entwicklung führte zu immer neuen und anderen Lebewesen. Aber niemals haben Pflanzen oder Tiere versucht, bewußt in den natürlichen Ablauf einzugreifen, die Umwelt, in die sie gestellt waren, zu verändern.
Erst der Mensch suchte und sucht sich den Gesetzen der Natur zu entziehen, trachtet, die Welt zu beherrschen und sie seinen Interessen dienstbar zu machen. Er verändert aktiv die Umwelt, steuert ihre Entwicklung nach seinem Gutdünken. Mit ihm setzte eine neue Entwicklungsphase ein. Die biochemische Mutation und die Selektion verlieren ihre Vorherrschaft, da Denken und Planen des Menschen natürliche Traditionen verdrängen und den Evolutionsprozeß beschleunigen. Der Mensch verbraucht die Rohstoffe der Erde, die im Lauf von Milliarden von Jahren entstanden sind. Er verdrängt, stehen seine Interessen auf dem Spiel, andere Lebewesen, beeinflußt ihre Entwicklung und beutet sie aus. Er greift, etwa durch Züchtung von Haustieren, in den natürlichen Ablauf ein. Er nimmt damit vielen Tier- und Pflanzenarten die Fähigkeit, sich selbständig weiter zu entwickeln und artgemäß zu leben. Er vernichtet bewußt, was ihm und seinen Zielen schädlich erscheint, und stört so das Gleichgewicht.
Und das Bedenklichste ist, daß er seine Fähigkeiten nicht zum Wohle der Gesamtentwicklung einsetzt, sondern durchaus egoistisch handelt. Damit aber nimmt er sich und anderen Lebewesen, auf lange Sicht betrachtet, die Existenzgrundlagen. Im Verlauf weniger Generationen beraubt er sich selbst der Rohstoffe. Dank seines überlegenen Wissens und Könnens ist er imstande, das, was in vielen Millionen Jahren entstanden ist, in kürzester Zeit zu verbrauchen. Durch Raubbau an den Waldbeständen der Erde bewirkt er Klimaveränderungen, Versteppung und Wüstenbildung. So verkleinert er den Lebensraum für sich, für Tiere und Pflanzen. Es läßt sich absehen, daß, falls die Entwicklung so weitergeht wie in den vergangenen Jahrzehnten (Bevölkerungsexplo-

sion, Raubbau, Umweltverschmutzung usw.), der menschliche Traum von der Beherrschung der Erde in erdgeschichtlich kürzester Zeit zu Ende sein wird.
Es ist höchste Zeit, daß der Mensch, der sich selbst als „Krone der Schöpfung“ bezeichnet und der dank seines Verstandes jedem anderen Lebewesen überlegen ist, sich endlich bewußt wird, welche Verantwortung er auf sich nimmt. Wenn er schon die Erde beherrscht, dann muß er auch die volle Verantwortung für sein Handeln, für die neben ihm lebenden Pflanzen und Tiere und nicht zuletzt für seine eigenen Nachkommen, für die Erhaltung der eigenen Art übernehmen. Oder soll der *Homo sapiens* sich nach nur zwei bis drei Millionen Jahren selbst zum Aussterben bringen?
Man hat in den letzten Jahren angefangen, durch Umweltschutzmaßnahmen bisherige Sünden zu korrigieren, weil man eingesehen hat, daß schon unsere Generation im Zivilisationsschmutz zu ersticken droht. Die Ölkrisen erinnern daran, daß zumindest der Rohstoff Öl in absehbarer Zeit aufgebraucht sein wird. Mit anderen Rohstoffen wird es ebenso gehen. Noch können wir von den Vorräten der Erde zehren. Noch lassen sich neue Energiequellen erschließen und nutzen. Einmal aber werden auch sie erschöpft sein.
Alle Versuche, die bisher unternommen wurden, Umweltschutz zu betreiben, sind Flickarbeit, die den Prozeß der Zerstörung verlangsamen, aber nicht aufhalten. Schutz und Neuerrichtung einzelner Biotope zur Erhaltung bedrohter Tiere und Pflanzen helfen meist nur regional, bedeuten aber noch keine grundsätzliche Wende. Gerade wegen dieser unerfreulichen Erkenntnis sind wir verpflichtet, alles zu tun, um zu bewahren und zu erhalten, wenn nicht wieder aufzubauen, was schon zerstört ist. Um dies aber zu können, brauchen wir eine umfassende Kenntnis der Natur und ihrer Entwicklungen. Der einzelne Mensch ist dazu nicht imstande. Er muß sich auf Teilgebiete beschränken. Erst das Zusammenwirken vieler ergibt ein Gesamtbild der Natur, die wir wenigstens für die nächsten Generationen bewahren sollten, wenn es vielleicht auch unmöglich ist, sie auf Dauer zu schützen.
Jeder, der sich mit einem Teilgebiet der Naturkunde befaßt, muß sich darüber klar sein, daß das, womit er sich beschäftigt, nur ein Teilchen ist und eingebettet in ein Ganzes. Die Beschäftigung mit einem solchen Teilgebiet öffnet den Blick für das Ganze. Die Ehrfurcht vor dem Kleinen führt zur Ehrfurcht vor der gesamten Natur.

7.2 Sinn einer Fossiliensammlung

So kann das Sammeln von Fossilien ein Versuch sein, in die Geheimnisse des Lebens und seiner Entwicklung im Lauf der Erdgeschichte einzudringen und damit auch zum Verständnis dessen führen, was heute auf der Erde lebt. Fossilien als Reste von Lebewesen vermitteln Kenntnis von der Vorgeschichte der jetzigen Pflanzen- und Tierwelt, Kenntnis auch von der Entwicklung des Menschen. Die Paläontologie, die sich mit den Lebewesen vergangener Epochen befaßt, ist eine junge Wissenschaft. Früher orientierte sich das Wissen über ausgestorbene Lebewesen an der Bibel, also nach religiösen und nicht nach naturwissenschaftlichen Gesichtspunkten. Alle Reste fossiler Tiere, die man in der Erde fand, wurden auf die biblische Sintflut zurückgeführt, wenn man sie nicht als Launen der Natur betrachtete. Noch Charles Darwin, der Begründer der Evolutionstheorie, hatte gegen religiöse Vorstellungen zu kämpfen, die seine Gedanken als unchristlich ablehnten. So kommt es, daß in der

jungen Paläontologie noch vieles in Bewegung ist, daß neue Entdeckungen und verfeinerte Forschungsmethoden auch heute noch wechselnde Ansichten und Theorien ermöglichen.
Gerade dadurch aber wird diese Wissenschaft auch für Nichtfachleute interessant. Seriöse Amateursammler, die ihre Funde der Wissenschaft zugänglich machen, können gewissermaßen als „Arbeiter vor Ort" den Fachpaläontologen wertvolle Mitarbeiter sein. Ihre Funde können die Kenntnisse, sei es in bezug auf das Vorkommen bestimmter Arten, sei es auf deren Verbreitung, entscheidend beeinflussen. Voraussetzung ist allerdings, daß die Amateursammler bereit sind, mit den Instituten zusammenzuarbeiten und ihr Material diesen zur Verfügung zu halten.
Fossiliensammler dieser Kategorie müssen sich Grundkenntnisse aneignen, ohne deshalb gleich den Anspruch zu stellen, Wissenschaftler zu sein. Sie haben sich bei ihrer Sammeltätigkeit an bestimmte Regeln zu halten. Wichtig ist vor allem die genaue Registrierung der Fundorte. Von sekundärer Bedeutung ist die Bestimmung der Art, denn diese kann von Fachleuten jederzeit nachgeholt werden. Von großer Wichtigkeit aber sind die „Anstandsregeln", die eingehalten werden müssen, um späteren Sammlergenerationen intakte Fundstellen zu hinterlassen und die Grundeigentümer nicht dazu zu zwingen, die Sammeltätigkeit durch Verbote zu unterbinden. Und hier stellt sich jedem ernsthaften Sammler die entscheidende Frage: Soll er dem – leider immer stärker in Erscheinung tretenden – Trend zum Handeln folgen und damit der rücksichtslosen Ausbeutung von Fundstellen Vorschub leisten, oder fühlt er die Verpflichtung in sich, nach wissenschaftlichen statt wirtschaftlichen Gesichtspunkten zu sammeln? Der Handel führt leider oft dazu, daß interessante Stücke der Wissenschaft verlorengehen, weil die Fossilien an unbekannte Käufer gelangen.
Prof. Dr. Bernhard Ziegler, Leiter des Naturkundemuseums in Stuttgart, führt dazu aus (Kosmos, 7/78):
„Die Paläontologie, das heißt die Lehre vom Leben der Vorzeit, bezieht ihr Wissen allein aus den fossilen Urkunden. Die Fossilien oder die sogenannten Versteinerungen sind demnach ihr einziger Erkenntnisquell. Ohne Fossilien gäbe es keine Paläontologie. Ohne sie wüßten wir nichts über die ältesten Zeugnisse des Lebens auf unserem Planeten vor drei Milliarden Jahren, nichts über die plötzliche Entfaltung der Tierwelt des Meeres am Beginn des Erdaltertums, nichts über die Eroberung des Landes vor über 400 Millionen Jahren, nichts über das Leben in den Steinkohlenwäldern. Wir hätten keine Kenntnis vom Aussehen und Leben der längst ausgestorbenen Trilobiten und Ammoniten oder der Saurier, der Herren von Land und Meer im Erdmittelalter. Verschlossen wäre uns auch der Zugang zum Wissen über das Aufblühen der Insekten und Säugetiere und über die Entwicklung des Menschen." Und weiter: „Solche Objekte stellen also Dokumente dar, die zum Werden unserer Kultur beitrugen. Sie sind ebenso wie die Werke aus Menschenhand Kulturdenkmale."
Jeder Fossiliensammler sollte sich bewußt sein, daß er solche Kulturdenkmäler verwahrt. Wenn seine Sammlung sinnvoll sein soll, dann sollte er dafür sorgen, daß sie nicht nur seiner persönlichen Befriedigung dient. Dokumente der Erdgeschichte, wie die Fossilien sie darstellen, sollten der Wissenschaft nutzbar gemacht werden oder der Öffentlichkeit und vor allem der Jugend zur Belehrung dienen. Ein Sammler, der seine Schätze in diesem Sinne auch anderen zugänglich macht, erfüllt eine wichtige Aufgabe.

Im Laufe der vergangenen Jahrzehnte sind viele, zum Teil sehr wertvolle Sammlungen von begeisterten Sammlern aufgebaut worden. Manche von ihnen wurden später für Museen oder Lehrschauen verwendet. Aber ein großer Teil ist verlorengegangen. Jeder wirklich verantwortungsbewußte Fossiliensammler sollte sich Gedanken darüber machen, was geschieht, wenn er aus irgendwelchen Gründen seine Sammeltätigkeit aufgibt oder wenn er stirbt. Die Erfahrung hat gezeigt, daß manche gute Fossiliensammlung irgendwann, spätestens aber nach dem Tod des Sammlers, in alle Winde verstreut und daß dabei nur der materielle Wert berücksichtigt wird.

Man weiß, daß die Zahl der Fundstellen immer geringer wird, sei es, daß sie ausgebeutet, sei es, daß sie geschlossen, überbaut oder aus sonstigen Gründen nicht mehr zugänglich sind. Daher sollten die aus solchen Quellen stammenden Stücke unbedingt erhalten und gepflegt werden.

Hieraus ergeben sich für Besitzer von Sammlungen Verpflichtungen gegenüber der Allgemeinheit. Es ist z. B. beschämend – wir sprechen hier von der Schweiz –, wie wenig Unterrichtsmaterial aus der Erdgeschichte in Schulen vorhanden ist, wie wenig Lehrer in der Lage sind, ihren Schülern mit praktischen Beispielen Einblick in die Geschichte der Entwicklung zu geben, wie wenig große Teile der Bevölkerung sich über diese Entwicklung orientieren können. Gewiß, es gibt Museen. Aber wer, wenn er nicht besonders interessiert ist, besucht schon die oft weit entfernt liegenden Museen? Wenn er jedoch Gelegenheit hat, an seinem Wohnort die Dokumente der Erdgeschichte kennenzulernen, wird er bereit sein, dies zu tun. Hier können die Sammler einen wesentlichen Beitrag leisten. Sie sind in der Lage, durch ihr Hobby mitzuhelfen, die Kenntnis der Naturgeschichte zu erweitern und zu vertiefen. Jeder Sammler sollte sich Gedanken darüber machen, in welcher Form er dies tun könnte und wie seine in jahre- und jahrezehntelanger Tätigkeit zusammengetragenen Schätze auch über sein eigenes Leben hinaus sinnvoll erhalten werden könnten. Tut er dies, dann leistet er einen Beitrag, der, in größerem Zusammenhang gesehen, mithilft, die Verantwortungsbereitschaft der Menschen gegenüber der Natur insgesamt zu stärken.

Gehäuseterminologie

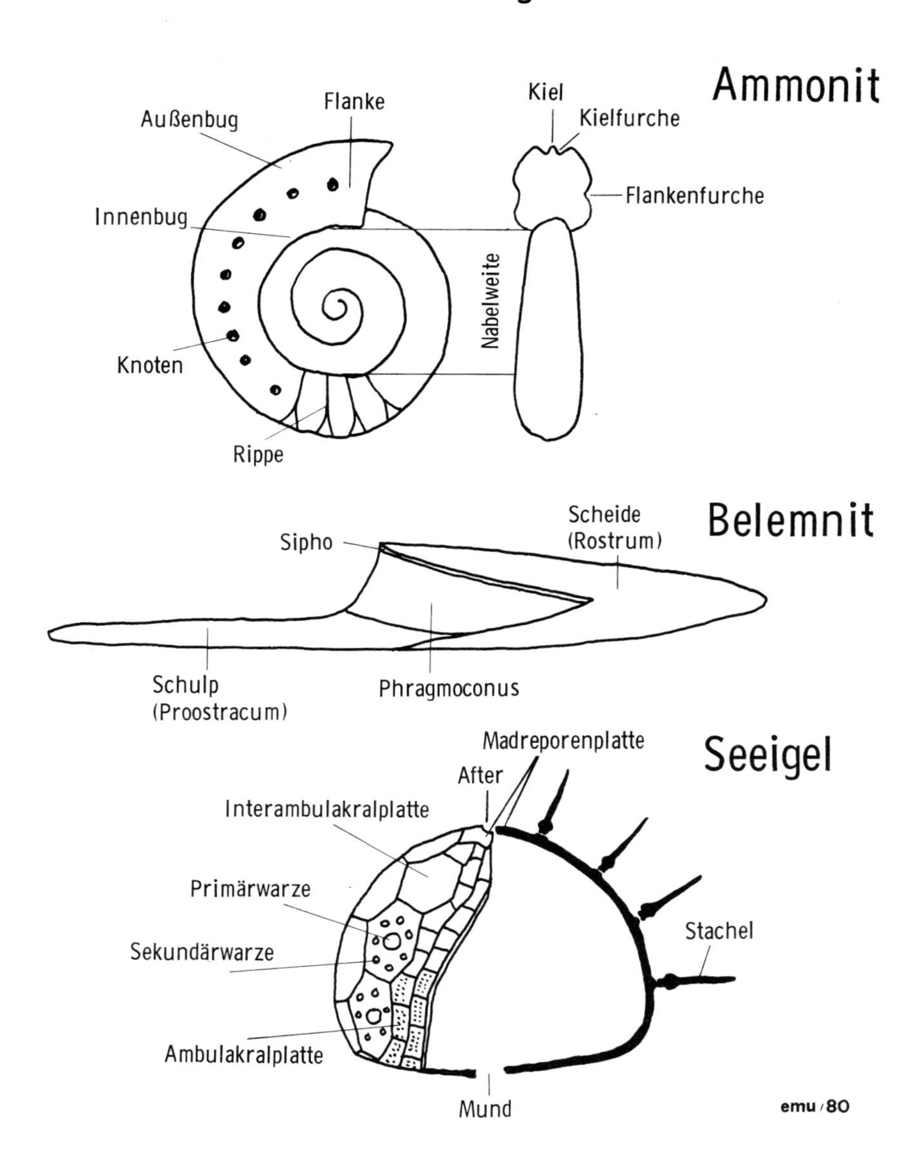

Geologische Zeittafel

Aera Zeitalter	System Periode Formation	Epoche Abteilung	Beginn vor Mio. Jahren
Känozoikum	Quartär	Holozän Pleistozän	2
	Tertiär	Pliozän Miozän Oligozän Eozän Paläozän	65
Mesozoikum	Kreide	obere mittlere untere	135
	Jura	Malm (Weißer Jura*) Dogger (Brauner Jura) Lias (Schwarzer Jura)	190
	Trias	obere (Keuper) mittlere (Muschelkalk) untere (Buntsandstein)	225
Paläozoikum	Perm	Zechstein Rotliegendes	280
	Karbon	oberes unteres	345
	Devon	oberes mittleres unteres	395
	Silur	oberes unteres	430
	Ordovizium	oberes unteres	500
	Kambrium	oberes mittleres unteres	570
	Algonkium		2000
Präkambrium (Azoikum)	Archaikum		4500 5000

* Die in Klammern gesetzten Bezeichnungen finden auch im Schweizer Jura Anwendung und entsprechen anderen Gliederungsmöglichkeiten

Stark vereinfachtes vergleichendes Schema der Schichtglieder

Abteilung	Stufe	Provence (Kreide) Causses (Lias)	Waadt	Jura	Aargau	Schwäb. Jura
Kreide	Cenomanium Albium Aptium Barremium Hauterivium Valanginium Berriasium	Cenomanien Vraconien Albien Gargasien Bedoulien Barremien Cruasien Hauterivien Valanginien Berriasien	Urgonien Pierre jaune Marbre bâtard			
Malm	Portlandium	Ardesien	Goldberg-Schichten	Twannbach-Schichten		ζ
	Kimmeridgium			Reuchenette-Schichten	Wettinger Schichten Badener Schichten	ε δ γ
	Oxfordium		Sequanien Argovien	Vellerat-Schichten Rauracium Liesberg-Schichten	Wangener Schichten Effinger Schichten Birmenstorfer Schichten Cordaten-Schichten	β α

Dogger	Callovium			Dalle nacrée	*Lamberti*-Schichten *Anceps-athleta*-Schichten Macrophalen-Schichten	ζ
	Bathonium		Marne de furcil	Hauptrogenstein	*Varians*-Schichten Hauptrogenstein	ε
	Bajocium				*Humphriesi*-Schichten *Sowerbyi*-Schichten	δ γ
	Aalenium			*Opalinus*-Tone	*Murchisonae*-Schichten *Opalinus*-Tone	β α
Lias	Toarcium	Toarcien			*Jurensis*-Mergel Posidonien-Schiefer	ζ ε
	Pliensbachium	Domerien Carixien			*Margaritatus*-Schichten *Davoei*-Kalke	δ γ
	Sinemurium	Sinemurien			*Obtusus*-Tone Arieten- oder Gryphiten-Kalke	β
	Hettangium				Insekten-Mergel	α

8 Hinweise für den Fossiliensammler im Schweizer Jura

8.1 Verkehr mit Behörden, Steinbruch- und Landbesitzern

Im Abschnitt Fundstellen ist schon darauf hingewiesen worden, daß vielerorts die Gemeinden, die Steinbruchbesitzer, aber auch die Landwirte schlechte Erfahrungen mit Fossiliensammlern gemacht haben. Gewissenlose Plünderer, auf rein materielle Vorteile bedachte Geschäftemacher usw. haben mehr und mehr das Verhältnis zwischen Landbesitzern und Fossiliensammlern gestört. Die Sammelverbote mehren sich.
Dennoch kann der anständige, wirklich sachlich interessierte Sammler das oft vorhandene Mißtrauen in seine Tätigkeit zerstreuen, wenn er sich an einige Anstandsregeln hält. Er muß Verständnis für Gemeindebehörden und Landbesitzer aufbringen, die sich gegen die Verwüstung ihrer Wälder, Wiesen und Äcker wehren. Es ist daher unbedingte Pflicht, sich darüber zu informieren, ob das Betreten von Grundstükken und gegebenenfalls das Graben nach Fossilien erlaubt ist. Sprechen Sie mit den Grundbesitzern und Gemeindebehörden. Seriösen Sammlern erlauben sie im Einzelfall fast immer die Ausübung ihrer Tätigkeit, wenn Gewähr dafür besteht, daß keine Schäden angerichtet werden. In Steinbrüchen, in denen gearbeitet wird, muß zudem immer gefragt werden, zu welchen Zeiten das Betreten des Geländes ohne Gefahr möglich ist. Oft empfiehlt es sich auch, die Behörden und Grundbesitzer schon im voraus schriftlich um Erlaubnis zu bitten, um unnötige Reisen zu vermeiden.
Wenn sich jeder Sammler an diese Anstandsregeln, die eigentlich selbstverständlich sein sollten, hält, kann er entscheidend mit dazu beitragen, die leider schon weitgehend gestörten Beziehungen zwischen Sammlern und Grundbesitzern zu verbessern. Darüber hinaus hat er es in der Hand, von sich aus auf unverantwortliche Plünderer, am besten in ruhigem Gespräch, einzuwirken.

8.2 Lokale Museen

Es besteht in der Schweiz eine Anzahl regionaler und lokaler Museen, die über Sammlungen von Fossilien aus der näheren oder weiteren Umgebung verfügen. Sie anzuschauen lohnt sich für den Sammler immer. Hier kann er sich über das, was im betreffenden Gebiet an Fossilien anzutreffen ist, informieren. Hier findet er aber oft auch Angaben über einzelne Fundstellen. Es wird hier deshalb eine Liste der wichtigsten, für den Fossiliensammler interessanten Museen, nach Ortschaften geordnet, gegeben:
Aarau: Aargauisches Museum für Natur- und Heimatkunde, Bahnhofplatz, Aarau. Konservator: Dr. Werner Schmid. Geologie des Kt. Aargau, Fossilien.
Allschwil, Basel-Land: Heimatmuseum, Basler Str. 48. Fossilien aus Kies- und Lehmgruben der Umgebung. Geöffnet: 1. So im Monat von 10–12 und 14–17 Uhr.

Banderette, Kt. Neuenburg. Postadresse: M. Diana, Travers. Geöffnet: Mai–Sept., jeweils Die von 8–18 Uhr. Fossilien aus der Gegend des Val de Travers.

Basel: Naturhistorisches Museum, Augustinergasse 2. Konservator für Ammoniten: Dr. R. Gygi. Bedeutende naturgeschichtliche Sammlung.

Bern: Naturhistorisches Museum der Burgergemeinde, Bernastr. 15. Konservator: Prof. Dr. H. A. Stalder. Bedeutende naturgeschichtliche Sammlung.

Frauenfeld: Naturwissenschaftliches Museum des Kt. Thurgau, Freiestr. 24. Konservator: Dr. August Schläfli. Geöffnet: Mi, Sa, So von 14–17 Uhr. Mit Abteilung Geologie, Fossilien.

Genf: Musée d'Histoire Naturelle. 1, Route de Malagnou.

Langenthal: Bahnhofstr. 11. Geöffnet: Okt.–Mai, jeden 2. So im Monat von 10–12 und 14–16 Uhr. Fossilien vom Wischberg (Miozän/Aquitan).

Lausanne: Musée Géologique Cantonal. Palais de Rumine, Place de la Riponne. Geöffnet: täglich. Systematische paläontologische Sammlung.

Liestal: Kantonsmuseum Basel-Land, Regierungsgebäude. Konservator: Dr. Jürg Ewald. Geöffnet: täglich, außer Sa. Allgemeine geologische und paläontologische Abteilung mit lokalen Funden.

Luzern: Gletschergartenmuseum, Denkmalstr. 4. Geologische Sammlung, vorwiegend Eiszeit.

Naturmuseum, Kasernenplatz 6. Paläontologische Abteilung, bes. Fossilien der Zentralschweiz.

Muttenz: Feuerwehrmagazin beim Schulhaus Breite. Mit geologischer Abteilung. Geöffnet: jeden 1. So im Monat von 10–12 und 14–17 Uhr.

Neunkirch, Kt. Schaffhausen: Ortsmuseum, Schloß. Mit Fossiliensammlung. Geöffnet: jeden 1. So im Monat von 14–17 Uhr.

Olten: Naturhistorisches Museum, Kirchgasse 10. Geöffnet: täglich außer Mo. Fossilien, Mineralien, Gesteine. Regionale Sammlung von Fossilien des Erdmittelalters, insbesondere aus dem Hauenstein-Basistunnel.

Rougemont/Waadt: Ortszentrum. Kleinere Sammlung von Fossilien.

Schaffhausen: Museum zu Allerheiligen, Klosterplatz 1. Enthält die Fossiliensammlung des Schaffhauser Geologen Ferdinand Schalch (1848–1918).

Schönenwerd: Museum für Natur- und Heimatkunde. Oltener Str. 80. Geöffnet: So von 14–17 Uhr. Große Mineralien- und Fossiliensammlung.

Solothurn: Naturmuseum, Klosterplatz 2. Konservator: Walter Künzler. Geöffnet: täglich. Fossilien des Jura mit Schildkröten aus der Gegend und Seesternen.

Vevey: Collection d'Histoire Naturelle, 2, Avenue de la Gare. Kleinere paläontologische Abteilung.

Winterthur: Naturwissenschaftliche Sammlungen der Stadt, Museumstr. 52. Konservator: Kurt Madliger. Paläontologische Sammlung mit den Mastodonten aus der Winterthurer Molasse. Jurafossilien vor allem aus dem Malm des Schweizer Jura. Täglich geöffnet.

Zofingen: Museum, General-Guisan-Str. 18. Geöffnet So 10–12 Uhr. Naturhistorische Abteilung, insbesondere Funde aus der Schweiz.

Zürich: Paläontologisches Museum der Universität, Künstlergasse 16. Direktor: Prof. Dr. Hans Rieber, Konservator: Dr. Karl A. Hünermann. Täglich geöffnet. Fossilien, insbesondere aus der Trias des Monte San Giorgio.

Geologische Sammlung der ETH, Sonneggstr. 5. Allgemeine Geologie, besonders des Jura der Schweiz und angrenzender Gebiete. Fossilien aus dem Eisenerz von Herznach, Objekte aus dem Tertiär.

Zu empfehlen sind dem Sammler, der sich näher mit dem Schweizer Jura befassen will, das Studium des geologischen Atlas der Schweiz, dazu der Besuch einer Bibliothek, wie etwa der Zentralbibliothek in Zürich, wo er Literatur über den Schweizer Jura finden kann.

9 Weiterführende Literatur

Die Erdgeschichte in der Umgebung von Basel. Veröffentlichungen aus dem Naturhistorischen Museum Basel, Nr. 6. 1967.
Geologischer Führer der Schweiz. 2. Aufl. 1967. Wepf, Basel.

DISLER, C.: Stratigraphischer Führer durch die geologischen Formationen im Gebiet zwischen Aare, Birs und Rhein. 1941. Wepf, Basel.

FRAAS, E.: Der Petrefaktensammler, 1910. Neuauflage der Ausgabe von 1910. 1981. Franckhsche Verlagshandlung, Stuttgart und Ott-Verlag, Thun.

GURTNER OTHMAR, HANS SUTER, FRANZ HOFMANN: Sprechende Landschaft. Eine erdgeschichtliche Heimatkunde in zwei Bänden. 1960. Emil Frey AG, Zürich.

HESS, H.: Die fossilen Echinodermen des Schweizer Juras. Veröffentlichungen aus dem Naturhistorischen Museum Basel, Nr. 8. 1975.

JEANNET, A.: Die Eisen- und Manganerze der Schweiz. Stratigraphie und Paläontologie des oolithischen Eisenerzlagers von Herznach und seiner Umgebung. 1951. Hallwag, Bern.

LEHMANN, U. und HILLMER, G.: Wirbellose Tiere der Vorzeit. Leitfaden der systematischen Paläontologie. 1980. Enke-Verlag, Stuttgart.

MÜLLER A. H.: Lehrbuch der Paläozoologie, 3 Bände. 1963–1964. VEB Gustav Fischer Verlag, Jena.

RICHTER, A. E.: Handbuch des Fossiliensammlers. Ein Wegweiser für die Praxis und Führer zur Bestimmung von mehr als 1300 Fossilien. 1981. Franckh'sche Verlagshandlung.

SCHLEGELMILCH R.: Die Ammoniten des süddeutschen Lias. 1976. Gustav Fischer Verlag, Stuttgart.
British Mesozoic Fossils. 1975. Trustees of the British Museum (Natural History) 5. Auflage, London.

10 Fossilregister

Kursiv gesetzte Seitenzahlen verweisen auf Abbildungen

11 Sachregister

Kursiv gesetzte Seitenzahlen verweisen auf Abbildungen